卢影 ◎编著

室内设计
手绘表现全视频教程

人民邮电出版社

北 京

图书在版编目（ＣＩＰ）数据

室内设计手绘表现全视频教程 / 卢影编著. -- 北京：
人民邮电出版社，2018.11
ISBN 978-7-115-45639-7

Ⅰ．①室… Ⅱ．①卢… Ⅲ．①室内装饰设计—绘画技
法—教材 Ⅳ．①TU204

中国版本图书馆CIP数据核字(2017)第114267号

内容提要

　　本书全面系统地介绍了室内设计手绘基础理论和表达技巧，包括手绘基础概述、手绘表现的基础理论、室内手绘线稿表现技法、彩铅与马克笔着色表现技法，室内手绘常用材质表现技法训练、室内手绘表现图局部着色技法训练、室内空间着色表现图技法训练和室内手绘表现图欣赏等内容。

　　本书将实例表现技法示范融入课程的介绍过程中，力求通过实例步骤演练，使学生快速掌握室内设计手绘表现的技巧；在学习基础知识和基本操作后，通过课后思考与练习，学生可拓展实际应用能力。本书的最后一章，精心安排了专业设计公司的精彩实例，力求通过对这些实例的赏析，提高学生的艺术设计创意能力。

　　本书适合室内设计手绘初学者使用，也可作为高等院校相关专业室内设计手绘课程的教材。

◆ 编　著　卢　影
　　责任编辑　税梦玲
　　责任印制　彭志环
◆ 人民邮电出版社出版发行　　北京市丰台区成寿寺路 11 号
　　邮编　100164　　电子邮件　315@ptpress.com.cn
　　网址　http://www.ptpress.com.cn
　　固安县铭成印刷有限公司印刷
◆ 开本：787×1092　1/16
　　印张：13.5　　　　　　　　　　　2018 年 11 月第 1 版
　　字数：376 千字　　　　　　　　2024 年 10 月河北第 7 次印刷

定价：79.80 元

读者服务热线：(010)81055256　印装质量热线：(010)81055316
反盗版热线：(010)81055315

前言

对于从事室内设计的人员来说，常常需要通过手绘来表达思想，而完成室内手绘往往需要具备一定的艺术功底和创造力。手绘效果图能直接体现设计人员的水平。对于长期从事装饰工程的资深设计师，他们的首选表现工具就是手绘，通过手绘的方式可以在短时间内把复杂的装饰效果很好地表现出来，便于与客户沟通。因此，对于还在校园的未来设计师们而言，"室内手绘"是必须要学好的一门课程，它是设计行业的入门法宝。

本书内容

在内容上，本书涵盖了室内手绘基础概述、制图基本原理、各视图透视的画法，以及室内手绘线稿和着色的表现技法。除此之外，本书还将实例表现技法示范融入课程的介绍中，力求通过实例步骤演练，使学生快速掌握室内手绘表达的技巧。全书分为8章，主要内容如下。

01 室内手绘基础概述：主要介绍什么是手绘、手绘表现的常用工具以及手绘的正确握笔和坐姿，并介绍了手绘快速表现的流程。通过本章的学习，读者可以对室内手绘有一个基本的认识。

02 手绘表现的基础理论：主要介绍制图与透视原理、平行透视、成角透视、平角透视、三点透视、俯视图、辅助透视的画法，并介绍了室内手绘的相关造型与色彩理论。这些都是室内手绘的基础理论，请读者务必掌握，以备后面章节的实践学习。

03 室内手绘线稿表现技法：讲解手绘线稿的表现技法，主要介绍不同线条的练习与运用，室内陈设单体、人物、室内平面图与立面图以及室内空间的线稿表现技法，让读者体验由简到繁的线稿表现过程。

04 彩铅与马克笔着色表现技法：分别介绍彩铅与马克笔的着色基础与表现技法、马克笔室内空间表现的技法与步骤以及手绘表现图着色需要注意的问题。这一章是室内手绘着色的基础章节，需要重点掌握。

05 室内手绘常用材质表现技法训练：主要进行木材质、砖、石材质、金属材质、玻璃材质以及织物材质的技法训练。通过对不同材质的特性和实例分析，使读者快速掌握其应用技巧。

06 室内手绘表现图局部着色技法训练：分别针对室内陈设单体、人物、室内平面图与立面图进行着色技法训练。本章与第3章相对应，让读者感受室内手绘单线稿与着色稿的差异与变化。

07 室内空间着色表现图技法训练：分别针对住宅空间、商业空间、休闲空间、办公空间进行着色表现图技法训练。通过实例步骤演练，使读者快速理解并掌握各个空间的表现要点。

08 室内手绘表现图欣赏：本章为室内手绘马克笔着色表现作品欣赏，希望和广大读者切磋共勉。

本书特点

为了能让读者熟练地掌握手绘表现技巧，本书特设有以下栏目。

Tips：
重点针对室内手绘技巧及实际运用过程中的难点和易错点。

实例技法示范：
针对章节中的常用工具和技巧而安排的基础难度实例示范。

二维码：
扫码即可观看教学视频，边学边练。

实例分析：
针对手绘表现中的基础理论知识，配以实例分析，帮助理解手绘表现原理。

思考与练习：
为巩固章节中的重点知识而安排的中等难度的思考与训练题。

优秀作品欣赏：
实际工作中的项目案例欣赏。

配套资源

为了方便教师教学，本书提供了教学视频和PPT。教师请登录www.ryjiaoyu.com下载PPT，其他读者可通过扫描书中二维码观看教学视频。

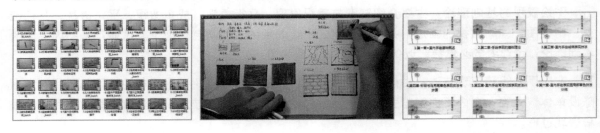

致　　谢

本书能够付诸出版，感触良多的不仅是因为一项工作终于告一段落，更重要的是编著过程反映了自己的工作经验和知识积累。在此，我要感谢所有指导、帮助过我的老师和朋友。最后，对为本书提供了作品的李丹阳、李浩、胡通、于宏斌、梁宵、林美彬、匡贤威致以深深的谢意。

编者
2018年2月

CONTENTS

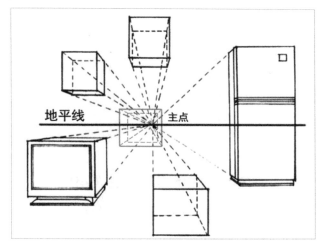

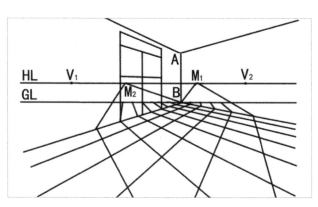

注：▶ 所属内容包含教学视频。

03 室内手绘线稿表现技法 /049

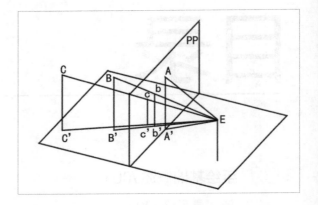

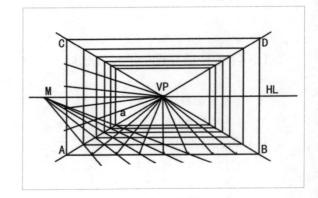

06 室内手绘表现图局部着色技法训练 /137

07 室内空间着色表现图技法训练 /167

08 室内手绘表现图欣赏 /187

01

手绘基础概述

CHAPTER ONE

- 认识手绘的含义和作用
- 了解手绘效果图的特性
- 掌握手绘快速表现的流程
- 了解手绘表现的常用工具
- 掌握正确握笔和坐姿

1.1 什么是手绘

手绘的本质作用不是单纯地表现设计结果，而是作为一种有效方法和手段来辅助设计师开展设计。从这个层面上讲，手绘应该与设计思维产生重要联系，手绘内容也应该表现设计师的创意思维过程和结果。所以，手绘设计草图常用于实现设计师的创意思维过程，而手绘效果图常用于展示设计师的创意结果。

1.1.1 手绘草图

手绘设计的意义在于设计师不厌其烦地将想法变成草图，然后从草图中得到启示，不断地推敲自己的构思。在设计创意阶段，手绘草图能直接反映设计师构思时的灵光闪现，快速记录设计师分析和思考的内容。另外，手绘草图也是设计师在收集设计资料后表达设计思路的重要手段，其手法随意自由，不受条件限制，且使交流更加方便。

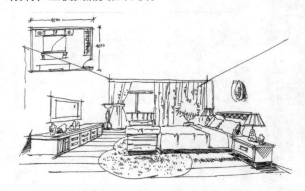 

1.1.2 手绘效果图

手绘效果图的特性包括真实性、科学性、艺术性和超前性4个方面。读者要正确认识理解这4个特性之间的相互作用与关系，从而在不同情况下，有所侧重地发挥它们的效能，这对学习绘制手绘效果图有重要意义。

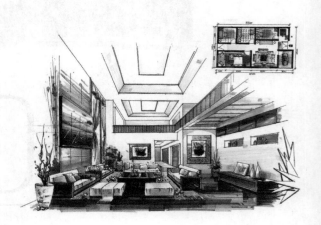

- 真实性

真实性是指手绘效果图必须符合设计环境的客观真实，不容许有任何主观变形、夸张和失真现象，它们主要体现在空间的原始大小、体量的比例和尺度等。手绘效果图与其他图纸相比更具说明性，这种说明性便寓于真实性之中。在体现真实性时，要注意以下3点。

第1点：真实性是手绘效果图的生命线，绝不能脱离实际的尺寸，随心所欲地改变空间的限定。

第2点：不能完全背离客观的设计内容而主观片面地追求画面的某种"艺术趣味"。

第3点：不能错误地理解设计意图，从而导致表现出的气氛效果与原设计相差甚远。

- 科学性

科学性是真实性的保证。为了避免绘制过程中出现随意或曲解现象，必须以科学的态度对待画面表现上的每一个环节。

透视与阴影的概念是科学，光与色的变化规律也是科学，空间形态比例的判定、构图的均衡、绘图材料以及工具的选择与使用等都是科学性的范畴。这种近乎程式化的理性处理过程往往是先苦后甜，当读者熟练地驾驭了这些科学的规律与法则之后，就能灵活地、有创造性地设计最佳的表现图。需要注意的是，在手绘过程中，千万不能把严谨稳定的科学性看作一成不变的教条，规矩是死的，但是设计思维是不断更新和优化的。

- 艺术性

手绘效果图虽然是一种科学性较强的工程图，但也是一件具有艺术品位的绘画艺术作品。它具有非常高的艺术魅力，而这种魅力必须建立在真实性和科学性的基础之上。在具有真实性和科学性的前提下，合理适度地夸张概括与取舍，选择最佳的表现角度、色光配置和环境气氛，在真实的基础上进行艺术创造，也是设计自身的进一步深化。

- 超前性

手绘效果图表现的是设计师创造构思出的理想实物形态，是现实中还未进行实际施工的结果。思维的超前性直接决定了设计结果的超前性，因为我们不可能先施工再进行绘画，那样就失去了手绘效果图的意义。

1.2　手绘快速表现的流程

手绘快速表现是设计人员通过手绘图形式展现设计整体或某一环节设计结果的方式和手段，即把设计创意图、预想效果展现在纸质媒介上，能更直观地将设计信息、成果传递给对方。手绘快速表现的流程包括概念设计阶段、草图阶段和定稿阶段。

1.2.1　概念设计阶段

概念设计的方式通常运用在整个室内设计的初期，是通过手和笔记录设计思路的过程，是一个由模糊概念到清晰思路的确定过程，是设计师对一个空间方案进行的一系列有序的、有组织性的设计活动。在设计时，我们应使用简练的文字和概括性的块面组合快速记录飞扬的想法，以留下"证据"供后期对整个空间方案进行不断推敲和细化。

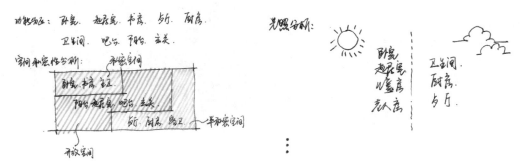

1.2.2 草图阶段

　　草图主要被用于收集设计素材、记录创作的艺术雏形。在室内手绘中，我们首先要做的就是推敲并细化原有的设计概念，然后运用草图的形式把一些不确定的抽象思维慢慢地图示化，接着捕捉偶发的灵感和具有创新意义的思维火花，最后通过造型、比例、虚实和节奏等关系把信息传达出来。

　　手绘草图可分为意向草图和分析性草图。意向草图主要用于记录设计创意的瞬间灵感，不要求深入性。分析性草图主要用于对空间的功能、形态等设计对象进行元素间的关系性分析，其表现方式可以是文字与图形的结合，亦可以是一些简单的符号代表或辅以文字说明。意向草图与分析性草图在深入分析阶段，也会交替使用，为设计方案的形成与表现结果奠定基础。

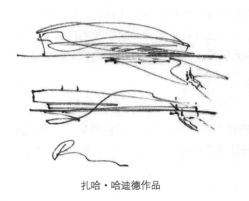

扎哈·哈迪德作品

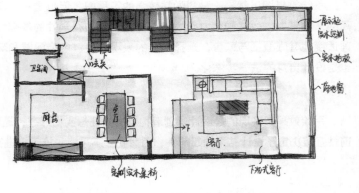

1.2.3 定稿阶段

　　定稿阶段是通过精细的手绘艺术形式来设计并表现出成果的预想图。此阶段要求：画面结构严谨，空间、材质、色彩和氛围准确，最大尺度地接近真实环境。

Tips

　　注意，室内手绘效果图既不能向纯绘画那样主观随意，也不能像工程制图那样刻板，要在两者之间找到艺术与技术兼备的平衡点。通常情况下，室内手绘效果图应具备以下3个特点。

　　第1点：空间透视准确，比例合理。

　　第2点：结构清晰，色彩基调鲜明。

　　第3点：质感强烈，环境氛围生动灵活。

1.3 常用工具介绍

"工欲善其事，必先利其器。"在室内手绘的工作过程中，良好的工具和材料对效果图的表现起着至关重要的作用，也为技法的学习提供了很多便利条件。使用不同的工具材料，可以产生不同的表现形式，也就得到了不同的表现效果。为了取得高质量的表现图，设计者必须要精心地准备工具材料。常用工具材料主要包括笔类工具、纸类工具、尺类工具和其他辅助工具4个方面。

1.3.1 笔类工具

在室内手绘中，常用的笔类工具主要包括铅笔、钢笔、针管笔、彩色铅笔和马克笔5种。下面将分别对它们进行详细介绍，读者需要掌握每一种笔类在室内手绘中的不同作用。

● 铅笔

铅笔是最为普通的一种绘图工具，其笔芯以石墨为主要原料。铅笔的石墨笔芯有标准的硬度划分：H表示硬质铅笔，B表示软质铅笔，HB表示软硬适中的铅笔，F表示硬度在HB和H之间的铅笔。石墨铅笔分为6B、5B、4B、3B、2B、B、HB、F、H、2H、3H、4H、5H、6H、7H、8H、9H、10H等18个硬度等级，字母前面的数字越大，表明对应的软硬程度越大。在室内手绘中，使用频率较高的是HB、2B、6B这3种型号，因为使用中软性铅笔起稿或画草图时，可深可浅，容易涂改。

当然，同为石墨原料的自动铅笔也是可以使用的。自动铅笔按铅笔芯直径大小分为粗芯（大于0.9mm）和细芯（小于0.9mm）。在室内手绘中，一般使用铅芯直径为0.5mm或0.7mm的自动铅笔，因为它们线条清晰、干净整洁，使用起来得心应手。

● 钢笔

钢笔是一种以金属作为笔身的书写工具。钢笔有它自身独有的工作原理：我们在使用钢笔时，使用鸭嘴式的笔头进行书写，通过重力和毛细管的作用，将笔管内的墨水从笔头中溢出来。由于在使用钢笔书写时轻重有别，转动笔尖可画出不同粗细且变化丰富的线条，这些线条优美而富有张力，风格严谨，所以设计师们一般在画快速设计草图与写生时，会考虑使用钢笔。

- 针管笔

　　针管笔又称为绘图墨水笔，是专门用于绘制墨线线条图和透视线稿的首选工具。使用针管笔可画出精确且具有相同宽度的线条。由于针管笔笔尖的特殊构造，设计师们只有通过不同型号的笔才能完成画面线条的粗细组合，这也是针管笔型号比较多的原因。针管直径范围为0.1~2.0mm，在设计制图中，至少要备有细、中、粗3种不同粗细的针管笔，手绘表现中常用0.1、0.3、0.5或0.2、0.4、0.6或0.3、0.6、0.9，以此类推。

　　另外，还有一种针管笔是一次性针管笔，又称草图笔，它的笔尖端处是尼龙棒。在使用这种笔的时候，千万不要太用力，否则笔尖会被压到笔管里，笔也就不能再用了。

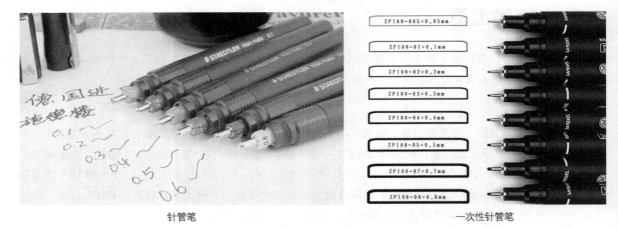

针管笔　　　　　　　　　　　　　　　　　　　　　　　一次性针管笔

- 彩色铅笔

　　彩色铅笔简称彩铅，是一种非常容易掌握的涂色工具，类似于铅笔。彩铅色彩齐全、细腻丰富，刻画细节能力强，画出来的效果清新简单，大多可用橡皮擦去。在室内手绘中，彩铅可以用于独立作画，也可以作为综合绘画的辅助工具，如马克笔与彩铅的混合使用。

　　彩铅分为两种：一种是不溶性彩铅（不溶于水），一种是可溶性彩铅（可溶于水）。在室内手绘表现中，通常使用的是可溶性彩铅。当没有蘸水前，它和不溶性彩铅效果一样；当蘸上水之后，它会有一种水彩的感觉，表现出色彩柔和、鲜艳亮丽的特点，但是这时需要使用较为浑厚、颗粒较粗的纸张。

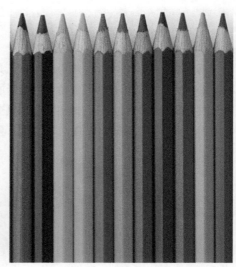

- 马克笔

　　马克笔又称麦克笔，它色彩系列丰富，多达数百种，能迅速地表达效果，是当前最主要的绘图工具之一。

　　马克笔的笔端有单头和双头之分、方形和圆形之分。方形笔端整齐、平直，笔触感强烈而且有张力，适合块面的物体着色；圆形笔端适合较粗的轮廓勾画和细部刻画。

　　另外，马克笔分为油性、水性、酒精性3类，它们的区别如下。

⊙ **油性马克笔**：柔和、快干、耐水，耐光性好，颜色多次叠加时不会伤纸。

⊙ **水性马克笔**：颜色亮丽有透明感，但多次叠加颜色会变灰，而且容易损伤纸面。

⊙ **酒精性马克笔**：可在任何光滑的表面上书写、速干、防水、环保，可用于绘图、书写、记号、POP等。

　　马克笔具有作图快捷方便、效果清新雅致和表现力强的特点。由于其使用时不用加水，具有着色过渡快、干燥时间短等优点，很适合快速徒手表现，近年来备受设计师的青睐。在用法上，马克笔以笔触的排列进行过渡变化，以层层叠加的方式进行着色，一般先浅后深，逐步深入。

1.3.2 纸类工具

　　在绘图过程中，选纸不同，绘出的色泽和效果是不一样的，例如，油性马克笔在吸水性较强的纸上着色会出现线条扩散的效果，因此，选择合适的纸张非常重要。纸张的选择应随绘图的形式和视觉感来确定，所以熟悉各种不同性质的纸是绘画的前提。

- 素描纸

　　素描纸纸质较好、表面略粗，易画铅笔线，加上其耐擦、稍吸水的特性，宜做较深入的素描练习和彩铅表现图。

● 绘图纸

绘图纸纸质较厚、表面光滑、结实耐擦，不适宜水彩，适宜钢笔淡彩、马克笔和彩铅作画。另外，这种纸还可用刀片局部刮除、修改错误的线条。

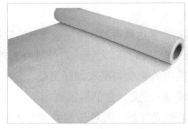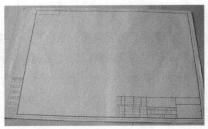

● 水彩纸

水彩纸的磅数较厚、吸水性好，不易因重复涂抹而破裂，适合描绘精细的画面效果。

● 水粉纸

水粉纸吸水性好，较水彩纸薄，纸面略粗、吸色稳定、不宜多擦，表面有圆形的坑点，原点凹下去的一面是正面。水粉纸用于绘制水粉手绘表现图。

● 马克笔专用纸

马克笔专用纸多为进口，纸质厚实。纸张的两面较光滑，都可以用来上色，对马克笔的色彩还原较好。

● 打印纸

打印纸为办公设备用纸，用于打印、复印文件，采用国际标准的A0、A1、A2、A3、A4、B1、B2等标记来表示纸张的幅面规格。其纸面光滑，手感柔软，适合多种不同材质的画笔。在进行手绘效果图练习时，一般选用A3或A4规格的纸张。

- 拷贝纸

拷贝纸又称防潮纸，是一种生产难度较高的文化工业用纸，具有较高的物理强度、优良的均匀度和透明度、良好的表面性质，以及细腻、平整、光滑、无泡泡沙、良好的适印性等特点。由于其较高的透明度，经常用于一些重复同样透视图的绘制。

- 硫酸纸

硫酸纸又称描图纸，呈半透明状，有纸质纯净、强度高、不变形、耐晒、耐高温、抗老化等优点，被广泛用于手绘描图，但其透气性差，吸湿后变形较大，再现马克笔色彩也较差。

- 其他纸类

除了前面介绍的常见手绘纸类，还有牛皮纸、卡纸、色纸和铜版纸等也都是室内手绘中会用到的。

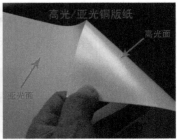

1.3.3 尺类工具

尺类工具是手绘效果图中必不可少的工具之一，包括丁字尺、一字尺、三角板、蛇形尺、云尺、多功能平行尺等。尺规作图是一种严谨的手绘表现方式。对于初学者来说，要想徒手把空间画准，尺规作图是一定要练习的。但是，也不可过分依赖尺规，完全尺规表现，容易使画面显得死板，所以最好将尺类工具作为线条辅助工具，比如用于确定大的画面框架或重要的透视线等。

● 丁字尺

丁字尺又称T形尺，为一端有横档的T字形直尺，由互相垂直的尺头和尺身构成，是画水平线和配合三角板作图的工具。丁字尺可以直接用于画平行线，也可以用作三角板的支撑物来画与直尺成各种角度的直线，有600mm、900mm和1200mm三种规格。

对于丁字尺的使用，有以下5点需要大家注意。
第1点：将丁字尺尺头放在图板的左侧，并与边缘紧贴，可上下滑动使用。
第2点：只能在丁字尺尺身上侧画线，自左向右画水平线。
第3点：画同一张图纸时，丁字尺尺头不得在图板的其他各边滑动，也不能来画垂直线。
第4点：过长的斜线可用丁字尺来画，较长的平行线组也可用具有可调节尺头的丁字尺来画。
第5点：应保持工作边平直，刻度清晰准确，尺头与尺身连接牢固。

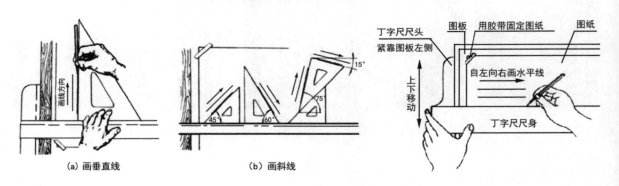

(a) 画垂直线　　　　　(b) 画斜线

● 一字尺

一字尺即一根直尺，两端有滑轮，用线缠绕滑轮固定在绘图板的两侧，四端的线用螺丝钉或图钉固定。一字尺的使用方法与丁字尺相同。

● 三角板

　　三角板由等腰直角三角板和特殊角的直角三角板组成，可以与丁字尺、一字尺配合使用。

● 蛇形尺

　　蛇形尺又称自由曲线尺，是一种可塑性很强的材料。蛇形尺是双面尺身，可自由摆成各种弧线形状，并能被固定，常用于绘制非圆自由曲线。

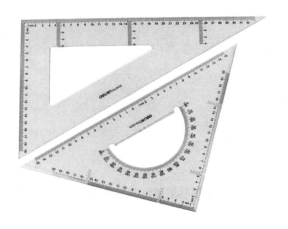

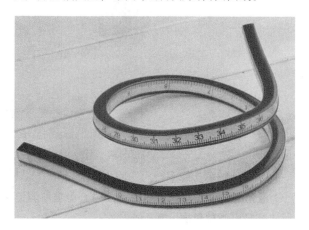

● 云尺

　　云尺又称曲线板，是一种内外均为曲线边缘，呈漩涡形的薄板，常用于绘制曲率半径不同的非圆自由曲线。云尺无正反之分，没有刻度，大小不一，在制图时，主要用于连接同一弧线上的已知点，具体步骤如下。

　　（1）找云规线：将云尺平放于纸面上，用云尺的弧线去试已知点，看已知点是否都在云尺的弧线上；若不在，则换一段弧线继续试，直到找到与已知点相合的弧线，用手固定云尺。

　　（2）绘制云规线：将铅笔垂直于纸面，并紧贴云尺沿着上一步找到的弧线画线，直到连接完已知点为止。

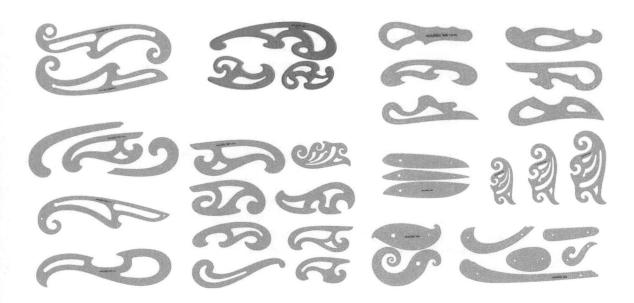

● 多功能平行尺

多功能平行尺从外观上来看是一种带滚轮的尺子，可以用于绘制平行线。

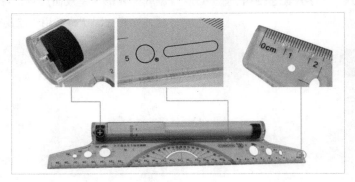

下面介绍多功能平行尺的使用方法。

⊙ **量角器的使用**：把尺边量角器中心对准所测绘之角顶点，同时将量角器刻度线与基准线重合，即可在尺边测绘出各种角度。

⊙ **画笔及圆弧曲线**：把笔插入尺端的小孔内作圆心，在另一孔内插入另一只笔，旋转尺体360°，即可画出一个圆，根据两孔间的不同半径或尺体，就可得到不同的圆或圆弧。

⊙ **画水平平行线**：用手按住尺体，延尺边即可画出一条水平线，再将尺体上下移动，就可画出水平平行线。

⊙ **画垂直平行线**：把笔尖插入尺边的小孔内，上下滑动即可画出一条条垂直平行线。

量角器的使用

把尺边的量角器中心对准所测绘之角顶点，同时将量角器刻度线与基准线重合，即可在尺边测绘出各种角度。

画笔及圆弧曲线

把笔插入尺端的小孔内作圆心，在另一孔内插入另一支笔，并旋转尺体360°，即可画出一个圆，根据两孔间的不同半径或旋转尺体，就可得到不同的圆或圆弧。

画水平平行线

将手按住尺体，延尺边即可画出一条水平线，再将尺体上下移动，就可画出水平线；平行线间距离在计数窗内的刻度线上表明。

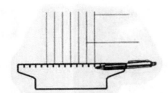

画垂直平行线

把笔尖插入尺边的小孔内，上下滑动尺体即可画出一条条垂直平行线；其长度可由计数窗内的刻度线表明。

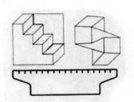

画其他图形

利用本尺画垂直平行线的功能，可以很方便地画出各种图形以开发思维。

1.3.4 其他辅助工具

其他辅助工具包括修改液、纸胶带、板刷、透台、绘图桌等。

● 修改液

修改液一般在画面收尾的时候使用。第一可以用来修正画面错误的地方，第二可以用来提高光，针对一些特殊的材质起到画龙点睛的作用，如表现玻璃、水、反光的时候常会用到修改液。

● 纸胶带

纸胶带相较于一般胶带，表面材料为纸。通常纸胶带黏性不强，因此它的优点就是撕下后绝不会有残胶，被广泛利用于黏贴纸张、布置等。

● 板刷

板刷的板头较宽，有不同的型号和质地。板刷可以用来在画水彩表现图时涂湿纸面，还可以用来绘制底纹、扫除橡皮屑。

● 透台

透台是由一个灯箱上面覆盖一块毛玻璃或亚克力板组成。使用时，打开灯箱开关，将多张画稿重叠在一起，光线会透过毛玻璃或亚克力板映射在画纸上，这样可以清楚地将底层画稿复制或修改画到第一张纸上。

● 绘图桌

绘图桌，又名绘画桌、美术桌（台）、画图桌，是一种应用于美术创作及工程制图领域的教学用具。绘图人员用绘图桌来张贴画纸，并借以顺利完成绘图操作。

1.4 手绘的握笔和正确坐姿

手绘表现创作对握笔、用笔的姿势和坐姿是有一定要求的。首先，握笔姿势与平时写字的握笔略有不同，当然，这个是由绘图者平时的用笔习惯决定的；其次，正确的坐姿是画好一张手绘效果图的前提。从专业的角度建议初学者按照以下方法练习。

1.4.1 握笔姿势

握笔时笔杆靠在拇指、食指和中指三个指梢之间，食指距笔尖约3cm，笔杆与纸张保持60°倾斜，掌心虚圆，指关节略弯曲，注意不可过分用力。

因为个人习惯问题，部分人的握笔姿势是错误的。对于初学者来说，切不可忽视正确握笔姿势，虽然起初会不习惯，但是这直接影响画面最后的表现效果。右面指出几种经常会出现的错误握笔和用笔姿势。

1.4.2 坐姿

除了正确的握笔、运笔姿势外，良好的坐姿也至关重要。正确的坐姿要求：头正、肩平、稍挺胸，身体微微前倾，与纸张保持在同一直线上；腰挺直，使眼睛与画面保持一定距离；两肩自然下垂，做到手臂自然来回摆动。

1.手绘效果图有哪些特性？
2.手绘快速表现的流程？
3.进行手绘效果图的笔类工具有哪些？并做简要介绍。

02

手绘表现的基础理论

CHAPTER TWO

- 了解基础制图和透视原理
- 了解造型基础理论
- 掌握不同透视角度的画法
- 掌握色彩原理及其应用

2.1 制图与透视原理

制图与透视的原理和法则属于自然科学。我们不仅可以用它们来实现创作意图，还能用它们的规律来指导我们正确认识空间，从而更自如地表现空间。

2.1.1 基础制图原理

基础制图主要是指绘制平面图、立面图、效果图和轴侧图。本小节只介绍平面图、立面图和轴测图的制图原理，因为效果图的角度选择范围比较多，所以将在后面结合透视进行详细讲解。

- 平面图

用一个假想的平面，首先将房屋高于窗台的部分水平切掉，然后俯视被切好的房屋，所见即水平剖面图，也就是常说的平面图。平面图可以反映房屋的平面形状、大小和布置，墙、柱的位置，尺寸和材料，门窗的类型、位置等空间信息。

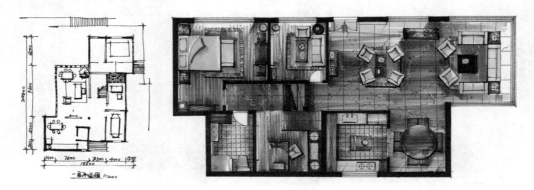

- 立面图

立面图是一种与房屋垂直界面平行的正投影图。它能够反映垂直界面的艺术处理，包括造型、装饰装修样式和陈设状况等。墙是最典型的立面结构，墙的立面图可以简单地理解为水平观测墙的结果。

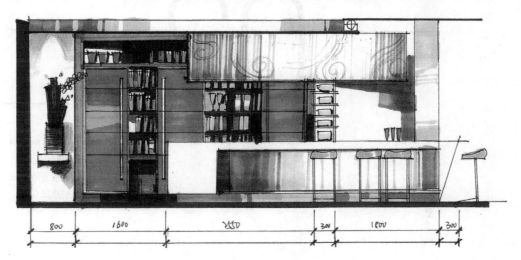

● 轴测图

轴测图是一种单面投影图，在一个投影面上能同时反映物体立体形状，并符合人们的视觉习惯。轴测图的特点是形象逼真、富有立体感。但是，轴测图一般不能反映物体各表面的实形，因此度量性差。另外，轴测图的作图十分复杂。在设计中，通常都是用轴测图来帮助构思物体的形状，以弥补正投影图的不足。轴测图可以简单地理解为2.5D视角。

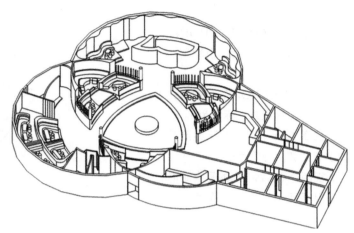

在制作轴测图时，要注意以下3点。

第1点：立体上互相平行的线段，在轴测图上仍互相平行。

第2点：立体上两平行线段或同一直线上的两线段长度之比，在轴测图上保持不变。

第3点：立体上平行于轴测投影面的直线和平面，在轴测图上应反映实长和实形。

轴测图根据投射方向和轴测投影面的位置不同，可分为两大类：正轴测图，即投射线方向垂直于轴测投影面；斜轴测图，即投射线方向倾斜于轴测投影面。

正轴测图又分为正等轴测图（简称正等测）、正二轴测图（简称正二测）和正三轴测图（简称正三测）。这里只介绍正等轴测图的画法，也就是轴间角均为120°。

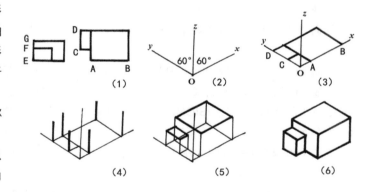

在作图时，将平面图沿水平线扭转一定角度后，把平面图上的各点按同一比例、尺寸向上做设计高度的垂线，然后连接垂直线上端的各点，即可求出轴测图，画法如下。

第1步：选择ox、oy、oz轴的角度。

第2步：把平面图AB、CD分别与轴ox、oy重叠，在ox轴上分别量出oA、AB的长度，在oy轴上分别量出OC、CD的长度，自A、B点作平行oy轴的水平线，自C、D点作平行ox轴的水平线，求出平面图。

第3步：按立面图的高度，完成各点的高度，求得轴测图。

2.1.2 透视图原理及规律

人眼睛在有限距离观看景物时，会发现"近大远小"的现象和塑形变化规律，我们再用几何作图法在平面上把它们表现出来，这就是"透视（学）"。读者可以将"透视"理解为"透而视之"，即通过一层透明的平面去研究后面物体的视觉科学。

● 透视学中的常用名词

在学习透视学之前，读者要掌握透视图的专有名词。作者将常用的名词整理如下，希望读者通过名词解释并结合图示来进行学习。

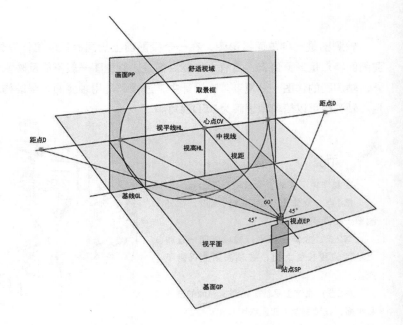

⊙ **站点（STANDING POINT，SP）**：人站立的位置，也称足点，标识为G。

⊙ **视点（EYE POINT，EP）**：人的眼睛所在的地方，标识为S。

⊙ **视高（HL）**：从视平线到基面的垂直距离，标识为H。

⊙ **视距**：视点到心点的垂直距离。

⊙ **视平面**：视点、中视线所在的平面。

⊙ **视平线（HORIZOUTAL LINE，HL）**：与人眼等高的一条水平线。

⊙ **中视线**：视域圆锥体的中心轴，垂直于画面。

⊙ **画面（PICTURE PLANE，PP）**：画家或设计师用来变现物体的媒介面，一般垂直于地面，平行于观者。

⊙ **基面（GROUND PLANE，GP）**：物体放置的平面，一般指地面。

⊙ **基线（GROUND LINE，GL）**：假设的垂直投影面与基面的交接线。

⊙ **心点（CENTER OF VISION，CV）**：视点正垂直于画面的一点称为心点。视心与视点的连线在视平线上且垂直于该线。

⊙ **灭点（VANISH POINT，VP）**：与基面相平行，但不与基线平行的若干条线在无穷远处汇集的点，也称消失点。

⊙ **测点（MEASURING POINT，MP）**：用来测量成角物体透视深度的点，也称量点。

⊙ **距点（D）**：以心点为中心，视距为半径截取的左右两点称为距点，与画面成45°水平变线的灭点。

⊙ **余点**：在视平线上，心点两侧的所有点都可称为余点。

⊙ **视域**：固定注视方向后可见的视觉范围，通常采用60°以内的视域作画，60°以内的视域叫舒适视域。

⊙ **取景框**：在画面上，60°视域内所选取的矩形作画范围称为画幅，即取景框。

⊙ **真高线**：在透视图中能反映物体空间真实高度的尺寸线。

⊙ **原线**：与画面平行的线。在透视图中保持原方向，无消失。

⊙ **变线**：与画面不平行的线。在透视图中有消失。

● 透视图原理

将看到或设想的物体、人物等，依照透视规律在某种媒介物上表现出来，所得到的图叫透视图。透视图形与真实物体是不一致的，所谓"近大远小"是一种"错觉"现象，但这种"错觉"符合物体给人们带来的视觉感受，因此，"错觉"又是一种真实的感觉。为了研究这个现象的科学性及其原理，人们总结出了"画法几何学"和"阴影透视图学"。

● 透视图规律

对于透视图的表现，请读者注意下面3点规律。

第1点：在透视表现中，凡是和画面平行的直线，亦和原直线平行；凡和画面平行、等距的等长直线，在透视图中也等长，见示意图：AA'∥aa'，BB'∥bb'，AA'=BB'，aa'=bb'。

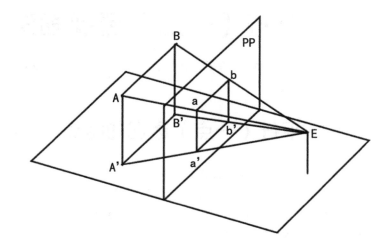

第2点：凡在画面上的直线，其透视长度等于实长。当画面在直线和视点之间时，等长且相互平行直线的透视长度距画面远的低于距画面近的，即近高远低现象。当画面在直线和视点之间时，在同一平面上，等距、相互平行的直线透视间距为：距画面近的宽于距画面远的，即近宽远窄。如图：AA'的透视等于实长；cc'＜bb'＜AA'；cc'和bb'的间距小于bb'和AA'的间距。

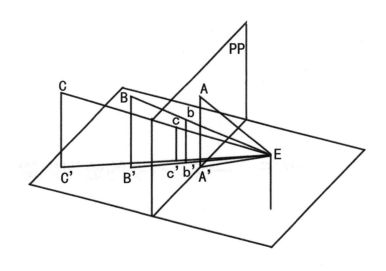

第3点：和画面不平行的直线，其透视延长后消失于一点。这一点是从视点作与该直线平行的视线和画面的交点——消失点。和画面不平行的相互平行直线透视消失到同一点。如图：AB和A'B'延长后夹角 $\theta_3<\theta_2<\theta_1$，两直线透视消失于V点，AB∥A'B'。

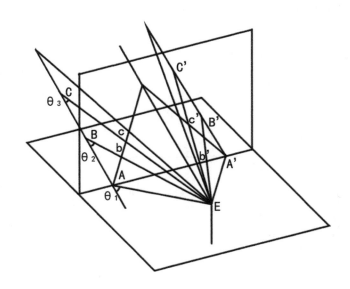

2.2 平行（一点）透视画法

一个立方体（物体）平行于画面及地面，且有一组边线消失于心点的透视图法称平行透视画法，也叫一点透视画法。

2.2.1 平行（一点）透视的特点

请读者记住以下3个平行透视的特点。

第1点：平行画面的平面保持原来的形状；平行画面的轮廓线方向不变，没有灭点。水平的线保持水平，直立的线仍然直立。

第2点：变线是与画面不平行的轮廓线，它们都垂直于画面，并集中消失于一点，该点即主点。

第3点：一点透视具有整齐对称、庄重严肃、一目了然、平展稳定、层次分明和场景深远的特点。

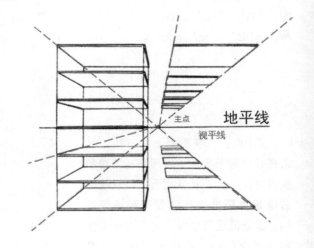

2.2.2 平行（一点）透视的透视规律

请读者记住以下3个平行透视的规律。

第1点：平行透视只有一个主向灭点，即主点。

第2点：在一般状况下，我们能看到平行直角六面体的3个面；在特殊情况下，只能看到两个面或一个面。

第3点：当直角六面体的位置高低不同时，离视平线远的水平面透视宽，反之则窄，与视平线同高的面呈一条直线。

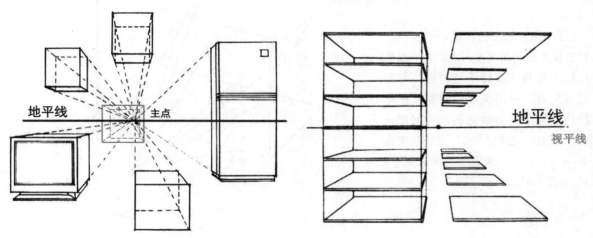

2.2.3　平行（一点）透视的画法

在手绘表现时，我们通常用网格法来进行一点透视的绘制。一点透视有"从里向外"和"从外向里"两种画法。下面重点介绍"从里向外"的画法。

扫码看视频！

1.从里向外

第1步： 确定最远处墙。我们设定墙宽为4 000mm（4m），房间的高度为3 000mm（3m），然后按1:20的比例分别画出线段AB，长度为200mm，同理，再画出线段BD，长度为150mm，最后连接AC和CD两条线段。

第2步： 确定视平线和中心灭点CV。沿线段AC向上确定视平线的位置，一般在人眼高（1 700mm）的位置，在此位置的点上画一条水平延长线，这条线就叫视平线。在视平线中心位置，也就是AB和CD之间的中心，确定出该透视中的中心灭点CV。为避免完成后画面的呆板，中心灭点可以向左或右偏移一点。

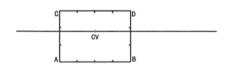

第3步： 画出4条延长线。从中心灭点出发，分别向A、B、C、D各点做延长线，画出Aa、Bb、Cc、Dd四条延长线。至此，房间的地面、天花和3个墙面均已呈现出来。在房间的总高、总宽、总长3个数据中，我们已经处理了总高和总宽两个数据，下面开始处理总长这个数据。

第4步： 画出房间长度测量线并确定刻度。将线段AB向右（或向左）做延长线，该延长线即为房间长度的测量线。仍以1:20比例为准，以50mm为1米，确定5m的刻度。

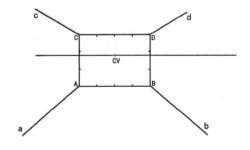

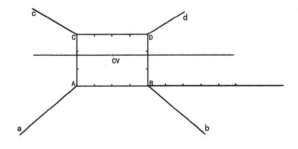

第5步：确定画图者的站点和视点位置。在房间总长度5m之外的某一点上，确定画图者的站点位置，这个位置一定在总长度之外。此处将站点的位置定在5.5米处，然后以站点为垂足做竖直向上的垂线，垂线与视平线的交点即为视点。

第6步：做长度进深外轮廓线。首先从视点位置出发，分别过房间长度测量线上的刻度点（AB延长线上的刻度）做连线，并相交于Bb线，得到B₁、B₂、B₃、B₄、B₅这5个点；然后由最外端的B₅点向左做水平线，与线Aa相交于A₅点；接着向上做垂直线与线Cc相交；最后向右做水平线与Dd线相交，并向下做垂线与B₅点相交。

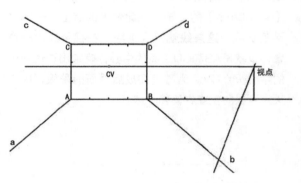

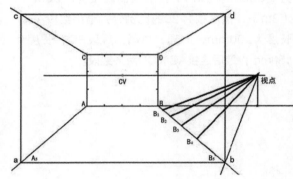

第7步：将房间的长度按透视划分。现在，一个房间的整体形象已经呈现出来，过B₁、B₂、B₃、B₄各点分别向左做水平线，使各延长线相交于Aa线，得到点A₁、A₂、A₃和A₄。此时，这4条水平线将房间的长度透视分为5部分。

第8步：做地面透视坐标格，完成平行（一点）透视空间线稿。从灭点CV出发穿过AB线上的刻度标点做连线。这样在地面上，就得到了透视坐标格，该坐标的尺寸为1m×1m。

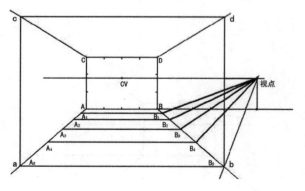

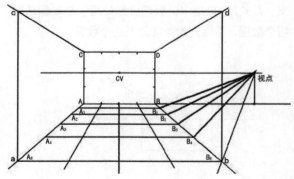

- ● 2.从外向里

从外向里画的原理与从里向外相同，这里就不再详细介绍了，大家可以根据以下手绘流程和相关图示来探索学习。

第1步：按室内的实际比例尺寸确定A、B、C、D四个点。

第2步：确定视高HL，一般设为1.5~1.7m，这里定为1.7m。

第3步：根据画面的构图确定灭点VP及M测点。

第4步：过点M作AB线尺寸刻度的连线，以Aa线上的交点为进深点，并在各进深点做垂线。

第5步：过灭点VP连接墙壁、天花的尺寸分割线。

第6步：根据平行原理求出透视方格，在此基础上求出室内空间平行（一点）透视。

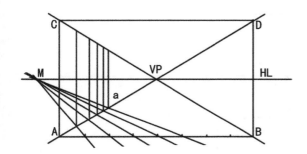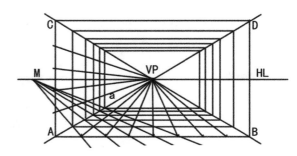

2.3 成角（两点）透视画法

一个立方体（物体）不平行于画面，但平行于地面，且有两组边线分别消失于左灭点VL.和右灭点VR.的透视画法称为成角透视画法，又称为两点透视画法。

2.3.1 成角（两点）透视的特点

第1点：在成角透视中，方形物体的垂直边线仍然垂直；而与地面平行的水平线，则各自与画面成一定的角度，如果将它们分别向左右两侧延伸，将集中在地平线上的左右消失点（又称余点）。

第2点：成角透视表现出的画面效果较自由，具有活泼、生动的特点，有很好的真实性，且变化多样、纵横交错。成角透视有助于表现复杂的场景和丰富多彩的人物活动。

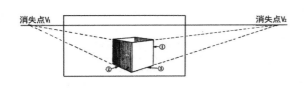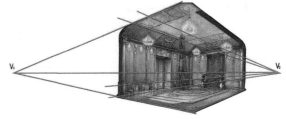

2.3.2 成角（两点）透视的4种状态

成角透视有4种状态，下面以图示的形式进行表现。

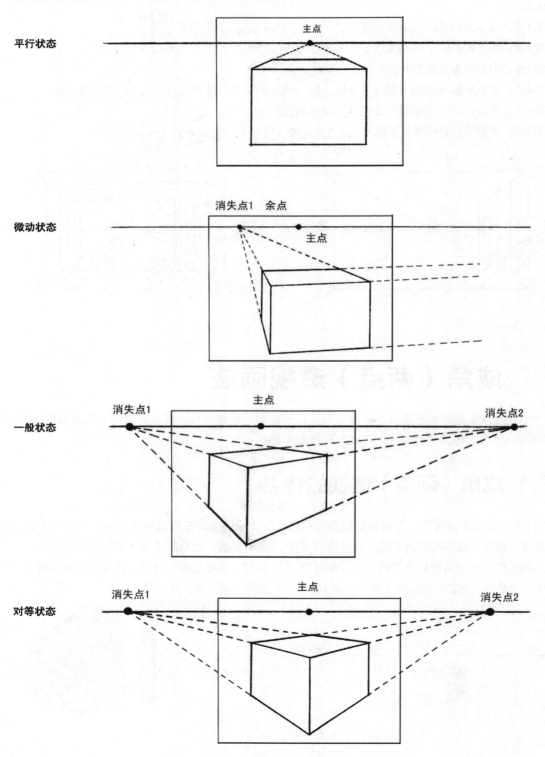

2.3.3 成角（两点）透视的画法

下面介绍成角（两点）透视的画法。

扫码看视频！

第1步：按照一定比例确定墙角线AB，兼做量高线。

第2步：在线段AB间选定视高HL，过B点做水平的辅助线，作为基线GL。

第3步：在视高HL上确定灭点V_1、V_2，画出墙边线。

第4步：以灭点V_1和V_2的距离为直径画半圆，在半圆上确定视点E。

第5步：根据E点，分别以灭点V_1、V_2为圆心求出测点M_1、M_2。

第6步：在基线GL上，根据线段AB的尺寸画出等分点。

第7步：将测点M_1、M_2分别与等分点连接，求出地面、墙柱等分点。

第8步：将等分点分别与灭点V_1、V_2连接，求出透视图。

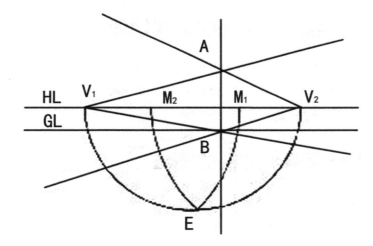

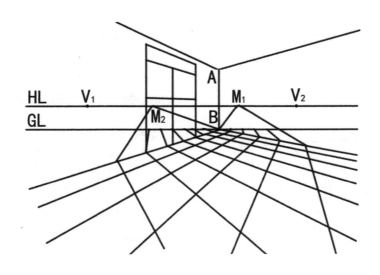

2.4 平角（一点斜）透视画法

平角（一点斜）透视画法是介于平行（一点）透视与成角（两点）透视之间的一种透视方法，它是在平行（一点）透视的基础上，表现出具有成角（两点）透视效果的作图方法。

2.4.1 平角（一点斜）透视的特点

第1点：主视面与画面形成一定的角度，并平缓的消失于画面很远的一个灭点V_2，类似于成角（两点）透视的特征，而两侧墙面的延长线则消失于画面的灭点V_1，类似于平行（一点）透视的特征。

第2点：平角（一点斜）透视有两个灭点，一个在画面内，一个在画面外。

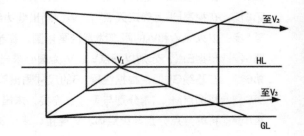

2.4.2 平角（一点斜）透视的透视规律

第1点：原来垂直于地面的线，还要保持垂直并且画垂直线。

第2点：与画面垂直的平行线，即进深线，交于视平线上的灭点V_1，并画透视线。

第3点：与画面呈角度的线，交于画板外的灭点V_2。

2.4.3 平角（一点斜）透视的画法

下面介绍平角（一点斜）透视的画法。

扫码看视频！

第1步：按室内实际比例画出ABCD边框。

第2步：确立视高HL和灭点V_1，V_1分别连接A、B、C、D四个点，任意定出M点和V_2灭点线，经V_2与线段V_1B的交点b引垂线，交V_1D于点d，求出第二灭点透视框ACdb。

第3步：根据一点透视从外向里画法，用M点求出4m进深线CE，连接Ed，找出CD的中点O，连接OV_1。

第4步：依次用对角线分割延伸法（详见2.7.1对角线等分、延伸透视面）求出透视图。

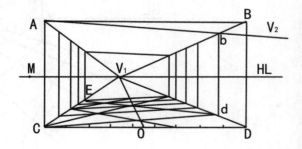

2.5 三点透视画法

当物体的长、宽、高3个方向与画面均不平行时，所画的透视图有3个灭点，称为三点透视。三点透视又称为斜角透视，常用于超高层建筑的鸟瞰图或仰视图。

2.5.1 三点透视的特点

三点透视有以下两个特点。

第1点：物体本身是倾斜的，如斜坡、瓦房顶和楼梯等。这些物体的面本来相对于地面和画面就是不平行的、倾斜的，且这些面不是近低远高的面就是近高远低的面。

第2点：如果物体本身垂直，因为它过于高大，平视看不到全貌，就需要仰视或俯视来观看。

2.5.2 三点透视的透视规律

第1点：三点透视的构成，是在两点透视的基础上多加一个消失点，第3个消失点作为高度空间的透视表达，在水平线之上或之下。

第2点：如果第3个消失点在水平线之上，即为表达物体向高空伸展，观者仰头看着物体。

第3点：如果第3个消失点在水平线之下，即为表达物体向地心延伸，观者垂头看着物体。

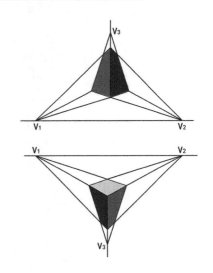

2.5.3 三点透视的画法

下面介绍三点透视的画法。

第1步：由圆的中心A以120°画三条线，与圆周相交于V_1、V_2、V_3，并定线段V_1V_2为视平线HL。

第2步：在中心A的透视线上任取一点B。

第3步：过点B作平行于HL的平行线，并与线段AV_1相交于点C，线段BC为正六面体的对角线之一。

第4步：在点B、C的透视线上求点D、E、F，完成三点透视图。

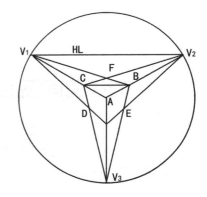

2.6 俯视图画法

俯视图实际上就是将室内平面空间立体化，常用于整个单元的各个室内空间的功能与布置设计的介绍。俯视图的画图原理近似平行透视，即从室内的顶部鸟瞰。俯视图能清晰地展示室内空间的各个界面，说明性强且具整体性。

做饭用的壁炉、厨房

地板铺的是石材，二楼和阁楼的房间铺的都是木材。

2.6.1 俯视图画图的考虑因素

第1点：要确认平、立面图的比例和大小。

第2点：设定剖切的室内断面高度，确定画面PP线的位置。

第3点：确定平面图中心CV的位置和视点EP的位置。

2.6.2 俯视图的画法

下面介绍俯视图的画法。

第1步：在图纸上画出平面图与立面图，确定剖切的高度（一般取2m，如果俯视连续多个房间，为避免遮挡，可取得再低一点），做PP线，根据表现内容选定心点CV，然后在该点垂直上方的合适位置确定视点EP，并将立面上的各点与EP点连接，求得在PP线上的各交叉点。

第2步：将平面图的各个点与心点CV连接，再把图中PP线上的各点向上做垂线与同CV连接的线相交，将所得的各交点相连即可得到地面与墙面的交接线，使俯视的空间界面可见。

第3步：按以上基本程序，可求出其余门窗、家具、陈设的空间位置和形状，进而完成室内空间俯视图。

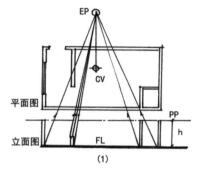

(1)

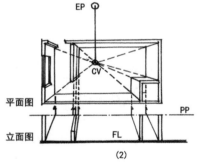

(2)

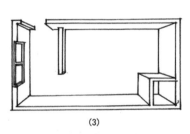

(3)

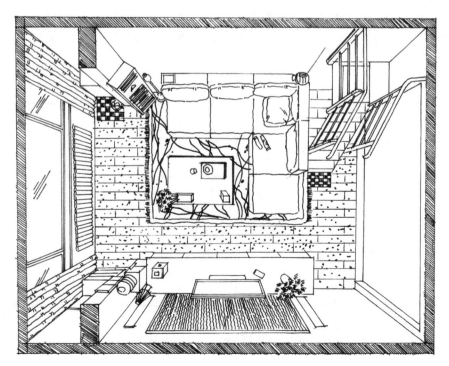

2.7 辅助透视画法

在画透视图时，读者应首先运用前面的方法做出空间主要轮廓的透视，然后将初等几何知识灵活运用到透视作图中，画出其细部的透视，这样可以简化作图，提高效率。下面介绍几种常用简捷作法。

2.7.1 透视图形的分割与延续

⊙ **直线的分段**：在一条透视直线上，截取等长线段，或不等长但成定比的各线段，可利用平面几何的理论，即一组平行线可将任意两直线分成比例相等的线段，如图中的ab:bc:cd=a1b1:b1c1:c1d1。

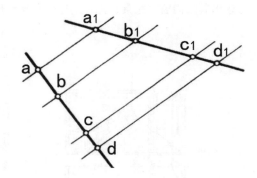

⊙ **任意线段分割透视面**：首先在ABCD图的下方做任意水平线XX'，然后在图外视平线HL上任意确定一点E，将E与图形的下边线BC两端点分别连接并延长，交XX'于B'和C'，将线段B'C'按需要等分，得到等距离的点，接着将各点与E点连接，即可求得透视图形上的等分段。另外，也可在ABCD图形内取点E'，方法同理。

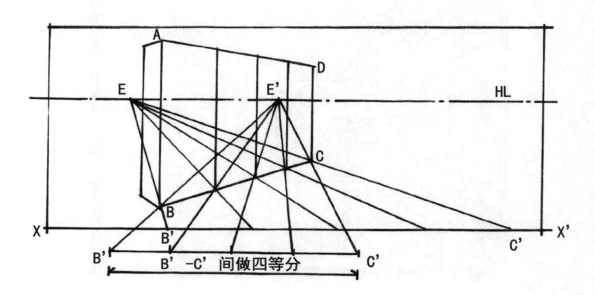

⊙ **垂直线等分透视面**：首先等分透视图形ABCD的AB边于E、F、G三点，然后分别将各等分点与灭点V相连，得到VE、VF、VG三条线，再连接对角线AC（或BD），过VE、VF、VG三条线与AC的交点分别做垂线，即可将ABCD透视图形等分。

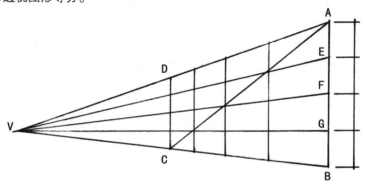

⊙ **对角线等分透视面**：以四等分透视图形ABCD为例，连接AC、BD作对角线，得中心交点x；过x做垂直线EF，得到两个分割面ABFE和EFCD；重复上述方法，分别再次分割ABFE和EFCD，连接AF、BE和EC、FD得到中心交点y、z，过y、z做垂线GH、IJ，即可将透视图形ABCD等分。

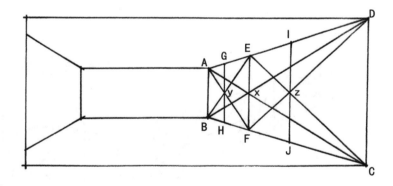

⊙ **对角线延续透视面**：已知矩形ABCD，首先连接AC、BD做对角线，得到交点E，然后过E点做AD的平行线，平分线段CD于F点，接着连接AF并延长，交BC的延长线于G点，最后过G点做垂线，交AD延长线于H点，DCGH即为ABCD透视面的延续面。

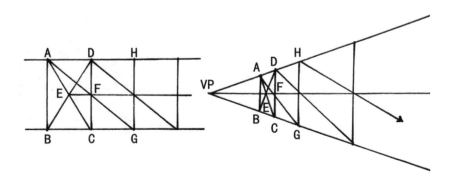

2.7.2 圆及椭圆的透视

　　圆及椭圆的透视变形的几何图画法较为复杂，且费时难理解。如果以目测判断随意勾画，又常出差错，所以，我们首先应弄清圆及椭圆透视的基本原理。在绘制时，用外切正方形（八点求圆）来确定圆的透视，即水平面圆形和垂直面圆形的透视切点。同时，读者需要掌握徒手画圆的有关要领，在大量的认识、画图、再认识、再画图的反复实践中，熟练地画好圆及椭圆的透视。

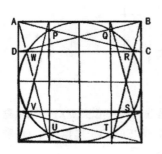 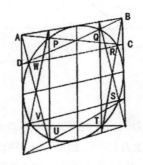 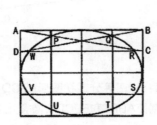 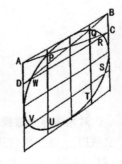

　　在徒手画圆时，请读者记住以下6点要领。

　　第1点：只要是水平圆，圆面两端连线始终水平。

　　第2点：水平圆左右始终对称。

　　第3点：左右两点转角始终为圆角，绝不能画成尖角。

　　第4点：前半圆略大于后半圆。

　　第5点：离视平线越近圆面越窄，反之越宽。

　　第6点：画圆形运笔平稳、顺畅，可分左右两半完成。

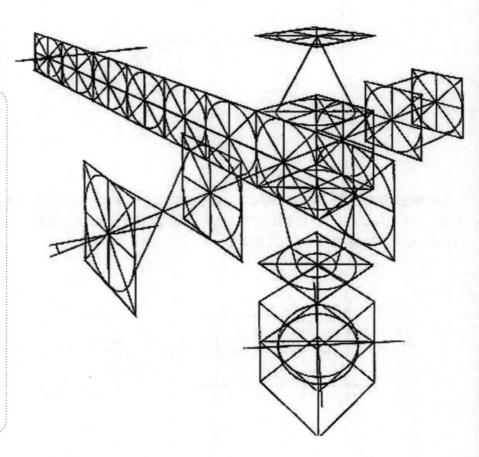

2.7.3 透视角度的选择

透视角度的作用是给观者提供科学的观赏视点，让观者直观感受到设计最美的一面。画面的透视角度要根据室内设计的内容和要求以及空间形态的特征进行选择。一个适合的角度不仅可以突出重点，清楚地表达设计构思，还能在艺术构图方面避免单调，使观者从不同的角度观看同一个空间的布置，产生完全不同的效果。因此，在正式绘制之前，应多选择几个角度或视点，勾画数幅小草稿，再从中选择最佳视角画成正式图。下面就以一点透视角度的选择问题为例进行分析。

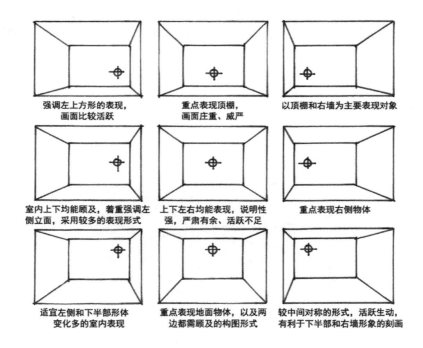

强调左上方形的表现，画面比较活跃	重点表现顶棚，画面庄重、威严	以顶棚和右墙为主要表现对象
室内上下均能顾及，着重强调左侧立面，采用较多的表现形式	上下左右均能表现，说明性强，严肃有余、活跃不足	重点表现右侧物体
适宜左侧和下半部形体变化多的室内表现	重点表现地面物体，以及两边都需顾及的构图形式	较中间对称的形式，活跃生动，有利于下半部和右墙形象的刻画

2.8 造型理论

造型理论是设计师的立业之本，它不仅能记录生活表现生活，还能将生活中深切感受到的真情化为艺术造型的语言。造型理论有各种各样的风格与方法，如形与结构、构图和构成原理等，其深层目的都是培养设计师以视觉把握外形体的能力。造型理论更是艺术家或设计师对生活的形象积累，这种积累的意义体现在通过同人物与自然的交流来寻找个性，并为艺术创作提供丰厚的、最直接的、最生动的和最原始的素材。

2.8.1 形与结构

认识形象、塑造形象、用形象来说明设计，是我们理解形的根本意义，也是学习手绘表现图的基础。形的构成关系是可以认知的，可以通过对空间中实形和虚形的形状、尺度、方位、光影等来进行解析和判定。

● 结构素描

结构素描，也称"形体素描"，它以线条为主要表现手段，以理解和表达物体自身的结构本质为目的，强调突出物体的结构特征。它要求把客观对象想象成透明体，把物体自身的前与后、外与里的结构表达出来，从外形的轮廓入手，寻找影响外形变化的所有力点，挖掘与外形的体面有关的结构线，以这些点线为基准，按照透视变化规律，在反复地观察、测量、比较、分析、推理中，逐步确立三维空间中的立体形态。这种表现方法相对比较理性，既注重了直观的方式，又忽视了对象的光影、质感、体量和明暗等外在因素。

结构素描，又称"设计素描"，是设计教学中的一门重要课程，是培养学生造型能力和设计思维能力的基础。结构素描能有效提升学生的观察分析能力、空间形态变化的想象能力和徒手准确表达形体的刻画能力。

● 速写

　　速写同素描一样，不仅是造型艺术的基础，而且是一种独特的艺术形式。速写是素描的浓缩和提炼，对初学者来说，它可以培养敏锐观察能力、判断能力和概括能力。

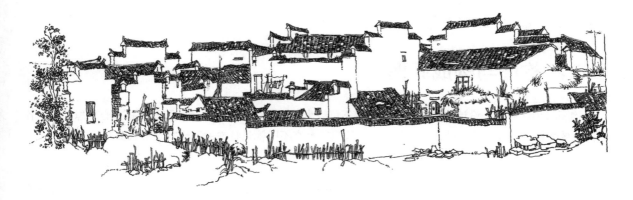

　　在学习过程中，建议大家有目的地进行速写练习，掌握如下5个步骤。

　　第1步：以形体比例的判断为目的，画一些长、宽、高比例严谨的平立面几何图形。

　　第2步：以空间透视概念为目的，进行建筑室内外环境的写生。

　　第3步：以概括取舍为目的，对琐碎复杂的场景作简笔画或黑白画练习。

　　第4步：以运笔用线的流畅生动为目的，进行笔不离纸面、一气呵成的"一笔画"训练。

　　第5步：以收集素材、储存信息为目的，对书刊画册上的插图或照片进行临摹整理。

● 临摹

　　临摹是按照原作仿制书法和绘画作品的过程。临，是照着原作写或画；摹，是用薄纸（绢）蒙在原作上面写或画。在练习时，题材可以自选，先摹后临，临摹结合。在临摹过程中，不仅要单纯地模仿，还要认真分析别人的处理方法、表现技法和艺术表达，充分理解空间形状、明暗、光影之间的联系，提高控制画面层次、虚实、强弱的整体效果处理能力。临摹可以使初学者较快地学习到别人好的经验及表现方法，还可以使初学者加深记忆，有利于全面、细致地学习手绘。

● 默画与想象画

默画与想象画是凭记忆作画。一般要求先对形象有较深入的理解，对形象的特征结构及运动规律胸有成竹，再凭记忆画出来。读者可以进行一些记忆性地默画以及改变视点角度与方位的想象画，这是熟练掌握绘画技巧，加深结构理解的一种很好的手段。另外，在空间设计中，还可以结合平、立、侧面图快速、准确地绘出想象中的立体形态。

2.8.2 构图与构成原理

构图与构成原理是设计创作与绘画过程中不可缺少的必要环节，是设计师和画者将精心构思转化为作品的重要手段，主要包括构图、明暗与光影、质感等具有不同视觉特性的基础视觉形式要素。

● 构图

构图是根据题材和主题思想的要求，把要表现的物象适当地进行组合、安排、调整、经营，构成一个协调、完整画面的过程。简单地说，就是将要表现的对象安排在平面中，表现画面中各物体所占有的位置与空间，以及它们对画面所形成的分割形式。

构图是造型艺术术语，指作品中艺术形象的结构配置方法，同时，它又是造型艺术表达作品思想内容并获得艺术感染力的重要手段。构图的基本原则讲究的是：均衡与对称、对比和视点。不论是在绘画、设计还是摄影中，都要注意前后关系、虚实关系、块面关系、疏密关系和呼应关系等，使主观情感与理性分析相结合。

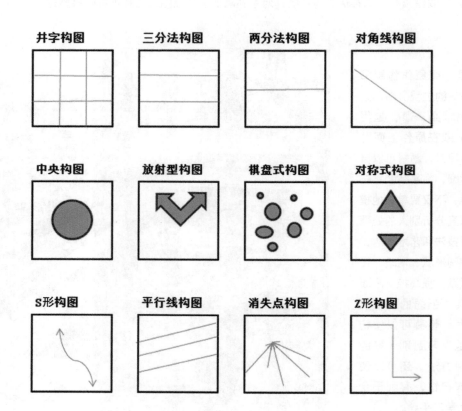

● 明暗与光影

光是生命之源，有了光，周围世界的一切才具有现实意义。在视觉艺术中，光可以帮助我们感知形体和塑造形体。自然物在光线的照射下，会产生明暗与光影变化，设计师把这种变化如实地描绘在平面性的作品中，便产生了立体感的幻觉效果。在能准确地把握形体结构的基础上，逐步加入光影，以简略的明暗关系塑造立体感和空间感，这对进一步认识物体的体积和空间关系，具有十分重要的作用。为了获得明晰的光影效果，设计者可借助较强的光源，并以阴影与透视的原理为指导，更直观、形象地掌握光影造型规律和表现手法。

明暗与光影的造型包含三大面和五大调，三大面分别是亮面、灰面、暗面，五大调分别是亮调（高光）、灰调、明暗交界线、暗调、反光。其中，明暗交界线是造型的关键，它把物体分为两个大面（即黑白两面），使画面具有视觉感召力，体现物体的结构和体积特征。

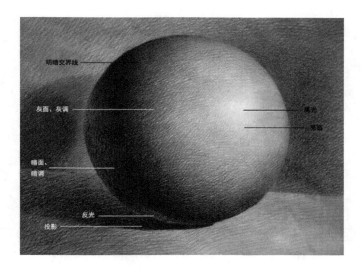

● 质感

运用明暗与光影的变化，在一定程度上可以表现物体材料的质地构造和特征。在我们生活的空间里，不同的物体有不同的质地，人们的视觉与触觉对它们产生的不同感觉被称为质感。不同质地的东西会有不同的质感，如晶莹剔透的玻璃、轻柔滑爽的丝绸、光洁坚硬的瓷器、坚硬的人体骨骼和柔软的肌肉。

物体质感可以分为光滑、粗糙、柔软和坚硬等类别。质地坚硬、表面光滑的物体对光的吸收与反射显得敏感、强烈，其边缘形状也较为清晰；质地柔软、表面粗糙的物体对光的反应比较滞缓，外形也较为柔和。在造型艺术中，形体结构表现的是物体的形状及空间占有方式，质感则表现的是物体的内容。设计者对形体质感的描绘与刻画，可以使形体的特征更富于物质的真实感。

2.8.3 实例分析

以基础素描为例，素描关系是手绘表现图的土壤，是支撑空间关系的基础表达方式，是整个形与结构的重要组成部分。扎实的素描功底，有助于设计者对手绘表现图造型结构的理解以及新技法的创新与发展，同时对后期色彩着色中明度的把握有很大帮助。如图所示，手绘表现线稿就是在准确的透视基础上，把构图、明暗、虚实、质感通过合理的素描关系表现出来。

设计者要想最终画好手绘效果图，首先要认识事物的本质，加强素描功夫，充分了解物体的形态、结构，然后进行消化、提炼、应用，最后用笔概括、表达出来。

2.9　色彩理论

对色彩的研究，千余年前的中外先驱者们就已有所关注，但自18世纪科学家牛顿真正给予色彩科学的揭示后，色彩才成为一门独立的学科。色彩是一种涉及光、物与视觉的综合现象。

2.9.1　色彩原理

色彩理论把自然界中的颜色分为无色彩和有色彩两大类。无色彩指黑色、白色和各种深浅不一的灰色，而其他颜色均属于有色彩。

● 色彩的形成

众所周知，我们所见到的大部分物体是不发光的，在黑暗的夜里或者在没有光照的条件下，这些物体是不能被人们看见的，由此可见，色和光是分不开的。光是色的先决条件，反映到人们视觉中的色彩其实是一种光色感觉。在自然界中，物体表面色彩的形成取决于3个方面，即光源的照射、物体本身的反射和环境对物体的影响，正因为这3个方面使物体形成了光源色、固有色和环境色。

（1）光源色

光源色是指照射物体光源的光色。在色光中，如果光谱成分变化，光色就要变化。太阳光一般呈白色，但清晨的太阳光呈偏冷的红色，黄昏时呈偏暖的金黄色，这就是太阳光光谱成分的变化所呈现出的不同光色。月光呈青绿色，日光灯呈冷白色，白炽灯（钨丝灯）呈橙黄色等，这些都体现了不同的光源色。另外，光源色的光亮强度也会对照射物体产生影响，强光下的物体色会变淡，弱光下的物本色会变得模糊晦暗，只有在中等光线强度下，物体色才最清晰可见。

光源色是光自身的色彩倾向，不同的光源发出的光由于光波的长短、强弱、比例性质的不同，形成的光源色也不同。光源色可以影响物体的本身颜色，也正是由于光源色的差别，才使自然界物体的色彩现象变得丰富多彩。

（2）固有色

固有色就是物体本身所呈现的固有的色彩。物理学家发现光线照射到物体上，会产生吸收、反射、透射等现象。因为在色彩的光学原理中，物体不存在固定不变的颜色，所以固有色的说法并不科学，人们所说的固有色是在较柔和的日光下呈现的色彩效果。

（3）环境色

在各类光源（比如日光、月光、灯光等）的照射下，环境所呈现的颜色叫做环境色。距离较近的物体之间，彼此形成了环境，这种物与物自身呈现的色彩氛围也称环境色。因此，一个色彩单纯的物体，在一定条件的环境里可以产生复杂的色彩变化，而物体表现的色彩是与光源色、环境色、固有色三者混合而成的。

- ### 色彩的属性

色彩包括色相、明度和纯度3种属性，下面进行详细介绍。

（1）色相

色相即色彩的相貌、名称，指能够比较确切地表示某种颜色色别的名称，是区分色彩的主要依据，是色彩的最大特征。如红、橘红、翠绿、湖蓝和青等称谓是人们约定俗成的色彩印象，是区别各种不同色彩的标准。注意，色彩的成分越多，色彩的色相越不鲜明。

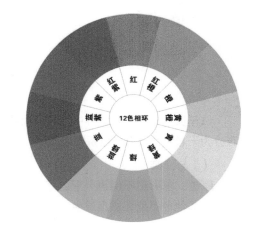

（2）明度

明度即色彩的明亮程度，明暗深浅。明度是眼睛对光源和物体表面的明暗程度的感觉，是由光线强弱决定的一种视觉经验。从色光方面讲是指色光的明暗差别，从颜色方面讲是指颜色的深浅差别。色彩的明度差别包括两个方面：一是指某一色相的深浅变化，如粉红、大红、深红都是红，但颜色一种比一种深；二是指不同色相间存在的明度差别，如六标准色中黄色最浅，紫色最深，橙色和绿色、红色和蓝色处于相近的明度之间。在所有颜色中，黑色明度最低，白色明度最高，它们中间存在由深到浅的变化。明度是色彩三要素中最具独立性的要素，它可以不带任何色相的倾向特征而只通过黑白灰的关系单独呈现出来。

（3）纯度

纯度即色彩的纯净程度，又叫饱和度，是深色、浅色等色彩鲜艳度的判断标准，是指各种颜色中包含的单独一种标准色成分的多少。颜色中所含标准色的成分越多，其纯度就越高，色彩的鲜艳程度也就越高，色彩的倾向就越明确；反之，标准色的成分越少，色彩的倾向就越模糊且越趋向灰色，色彩感越弱。同一色相的色彩，不掺杂白色或黑色，则被称为纯色。在纯色中加入不同明度的无彩色，会出现不同的纯度。纯度最高的色彩就是原色，随着纯度的降低，色彩就会变得暗淡。纯度降到最低就是失去色相，变为无彩色，也就是黑色、白色和灰色。不同色相所能达到的纯度是不同的，其中红色纯度最高，绿色纯度相对最低，其余色相居中。另外，不同纯度的色彩，其明度也不相同。

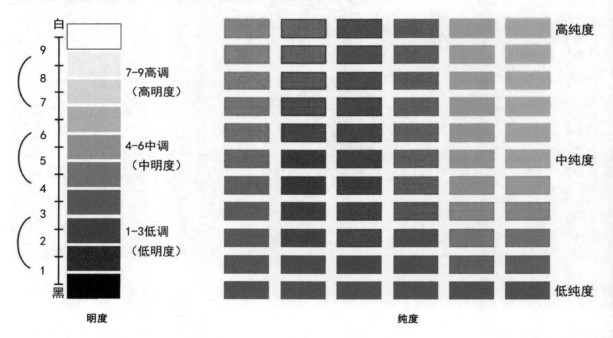

● 色彩的分类

在千变万化的色彩世界中，人们视觉感受到的色彩非常丰富，按种类分为原色、间色和复色，按色系可分为无彩色系和有彩色系两大类。

（1）种类

⊙ **原色**：色彩中不能再分解的基本色称为原色。三原色纯度最高、最纯净、最鲜艳，能调合成出其他色，而其他色不能还原出原色。原色只有3种，色光三原色为红、绿、蓝；颜料三原色为品红（明亮的玫红）、黄、青（湖蓝）。色光三原色可以合成所有色彩，同时相加得白色光；颜料三原色从理论上讲可以调配出其他任何色彩，常用的颜料中除了色素外还含有其他化学成分，两种以上颜料相调和，纯度就受影响，调和的色彩种类越多就越不纯，也越不鲜明。颜料三原色相加只能得到一种黑浊色，而不是纯黑色。

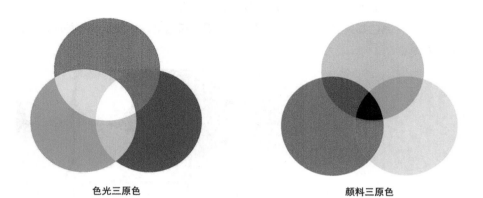

色光三原色　　　　　　　　　　　　　　颜料三原色

⊙ **间色**：两个原色相混合得到间色。间色也只有3种，色光三间色为品红（明亮的玫红）、黄、青（湖蓝），有些彩色摄影书上称之为"补色"，是指色环上的互补关系；颜料三间色是橙、绿、紫，也称第二次色。必须指出的是，色光三间色恰好是颜料的三原色，这种交错关系构成了色光、颜料与色彩视觉的复杂联系，也构成了色彩的原理与规律的丰富内容。

⊙ **复色**：颜料的两个间色或一种原色与其对应的间色（红与青、黄与蓝、绿与洋红）相混合得到复色，亦称第三次色。复色包含了所有的原色成分，只是各原色间的比例不等，从而形成了不同的红灰、黄灰、绿灰等灰调色。

由于色光三原色相加得白色光，这样便产生两个后果：一是色光中没有复色，二是色光中没有灰调色，如两色光间色相加，只会产生一种淡的原色光。以黄色光加青色光为例：黄色光+青色光=红色光+绿色光+蓝色光=绿色光+白色光=亮绿色光。

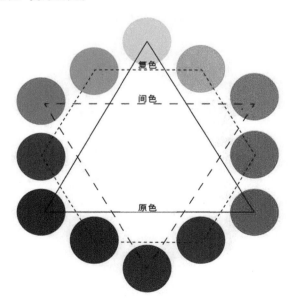

（2）色系

⊙ **有彩色系**：指包括在可见光谱中的全部色彩，它以红、橙、黄、绿、青、蓝、紫等为基本色。基本色之间不同量的混合以及基本色与无彩色之间不同量的混合所产生的千千万万种色彩都属于有彩色系。有彩色系是由光的波长和振幅决定的，波长决定色相，振幅决定色调。

有彩色系中任何一种颜色都具有三大属性，即色相、明度和纯度，也就是说一种颜色只要具有以上三种属性都属于有彩色系。

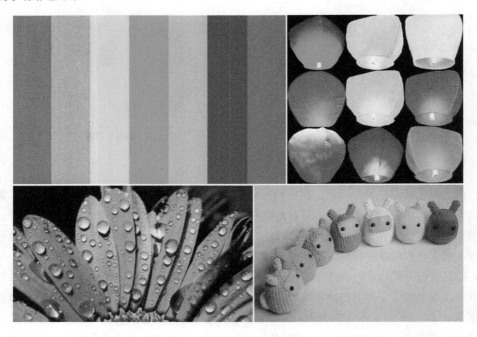

⊙ **无彩色系**：指由黑色、白色及黑白两色相融而成的各种深浅不同的灰色系列。从物理学的角度看，它们不包括在可见光谱中，故不能称之为色彩；从视觉生理学和心理学的角度看，它们具有完整的色彩性，应该包括在色彩体系中。

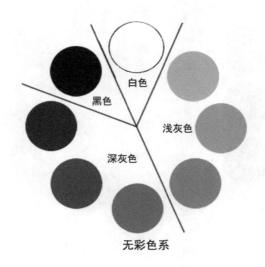

无彩色系

无彩色系按照一定的变化规律，由白色渐变到浅灰、中灰、深灰直至黑色，色彩学上称之为黑白系列。黑白系列中由白到黑的变化，可以用一条垂直轴表示，一端为白，一端为黑，中间有各种过渡的灰色。纯白是理想的完全反射颜色，纯黑是理想的完全吸收颜色。可是在现实生活中，并不存在纯白和纯黑的物体，颜料中采用的锌白和铅白只能接近纯白，煤黑只能接近纯黑。

无彩色系的颜色只有明度上的变化，而不具备色相与纯度的性质，也就是说它们的色相和纯度在理论上等于零。色彩的明度可以用黑白度来表示，越接近白色，明度越高；越接近黑色，明度越低。

2.9.2 色彩运用

生活中无论何时何地，都充满着各种不同的色彩。人们在接触这些色彩的时候，常常都会以为色彩是独立的：天空是蓝色的、植物是绿色的、花朵是红色的。正确地运用色彩，除了要了解视觉中物象色彩的规律，还必须熟悉色彩运用的方法。

● 色调比较

色调是各种颜色在冷暖、色相、明度、纯度等方面的总体倾向，是一幅画面中大的色彩效果，这种色彩效果支配着整个画面。在大自然中，我们经常见到这样一种现象：不同颜色的物体被笼罩在一片金色的阳光之中，或被笼罩在一片轻纱薄雾似的、淡蓝色的月色之中，或被秋天迷人的金黄色所笼罩，或被统一在冬季银白色的世界之中。这种在不同颜色的物体上笼罩着某一种色彩，使不同颜色的物体都带有同一色彩倾向，叫作色调。它不但能使画面内容在气氛特征上有一定体现，还能使本来彼此不协调的色彩趋于统一。因此，在观察对象时，首先要有全局观念，把对象包括对象所处的整个环境特征作为一个统一体来全面观察比较，然后整体比较重捕捉色彩并形成一个总的色调特征。

● 冷暖比较

　　冷色与暖色是人们的生理感觉和感情联想。色彩的冷暖是互为条件、互为依存的，两种色彩相比较是决定冷暖的主要依据。没有暖色的对比，单独的冷色就不可能存在，它们是对立统一的两个方面，色彩的冷暖感觉是通过整体分析比较得来的。暖色调的亮度越高，其整体感觉越偏暖；冷色调的亮度越高，其整体感觉越偏冷。冷暖色调也只是相对而言，譬如说，红色系中，大红与玫红相比，大红就是暖色，而玫红就是冷色；又如，玫红与紫罗蓝相比，玫红就是暖色。一般情况下，暖色光使物体受光部分色彩变暖，而背光部分则应该呈现其补色的冷色倾向；反之，冷色光使物体受光部分色彩变冷，背光部分则应该呈现其补色的暖色倾向。

● 色相比较

　　色相是色彩的相貌、长相，也可以说是区别色彩的名称，例如，红色、黄色、绿色等颜色，因此，色相是比较直观的，非常容易辨别。通常只有在明度接近或者相同、冷暖难分的情况下，才用色相来作对比，并作相应的色彩处理。

　　在色相环中，每一个颜色与对面（180°对角）的颜色，称为互补色，也是对比最强的色组，如红与绿、蓝与橙、黄与紫互为对比色。把对比色放在一起，会给人强烈的排斥感；若混合在一起，会调出浑浊的颜色。

- 明度比较

　　除了色相，色彩的差别还包括各色相之间的明度差别，即色彩明暗深浅的差异程度。在明度对比中，最好的方法是把颜色划分为3个大的明度基调，即高调、中调和低调，然后根据需要进行组合、搭配，最后在创作过程中逐步表现出来。当其中任何一个高明度和低明度的颜色配合时，可产生强烈、醒目和明快的感觉，当颜色为黑和白或黄和紫时，其对比效果最强烈。

高长调　　　　　　　高中调　　　　　　　高短调

中长调　　　　中中调　　　　中短调　　　　低长调　　　　低中调　　　　低短调

- 纯度比较

　　纯度通常是指色彩的鲜艳度，一种颜色的鲜艳度取决于该色相发射光的单一程度。因为人眼能辨别的、有单色光特征的颜色，都具有一定的鲜艳度，所以不同颜色的鲜艳程度是不一样的。不同的色相不仅明度不同，纯度也不相同，有了纯度的变化，世界上才有如此丰富的色彩。注意，即使同一色相的纯度发生了细微变化，也会带来色彩感觉的变化。

　　纯度弱对比的画面视觉效果比较弱，形象的清晰度较低，适合长时间及近距离观看；纯度中对比是最和谐的，画面效果含蓄丰富，主次分明；纯度强对比会使鲜的更鲜、浊的更浊，画面对比明朗、富有生气，色彩认知度也较高。在纯度的对比中，一般的做法是：纯度低的颜色面积大于纯度高的颜色面积，如果这种比例颠倒过来的话，即让纯度高的颜色为主要色，纯度低的为点缀色，其效果往往会使人感到压抑。

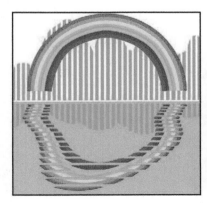 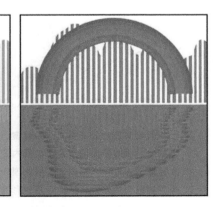

高纯度　　　　　　　　　　中纯度　　　　　　　　　　低纯度

2.9.3 实例分析

　　色彩是设计中最具表现力和感染力的因素，它通过人们的视觉感受产生一系列生理、心理和类似物理的效应，形成丰富的联想以及深刻的寓意、象征。色彩是一个很抽象的概念，我们可以对色彩进行直观的感受并产生情感，这种情感是一种直觉，但色彩也是可以被提炼总结的，可以从抽象的概念中提取出科学的规律。在室内环境中，设计师应利用色彩的功能特征，在满足精神要求——使人们感到舒适的同时，赋予设计空间感人的魅力，使空间更加大放异彩。

　　需要注意的是，在手绘表现图中，色彩扮演锦上添花的角色。整个手绘表现是从透视图到造型空间结构、素描关系，再到色彩表达的一个完整过程。因此，熟练地掌握色彩规律并灵活运用它，可以使我们的手绘作品更加精彩。

1.如何绘制校内公共空间（如寝室、教室、食堂等）场景的一点透视？

2.如何绘制有家具的室内（校园内公共空间）场景的两点透视？

3.在造型理论中，构图和构成原理包括哪些内容？

4.简述色彩的属性，如何运用色彩的属性？

03

室内手绘线稿表现技法

CHAPTER THREE

- 熟练运用不同类型的线条
- 掌握各陈设单体及人物的线稿表现技法
- 认识室内平立面图并掌握其表现技法
- 掌握室内空间照片写生的步骤

3.1 不同线条的练习与运用

　　线条是手绘表现的基础语言，是整个画面的骨架。要掌握好手绘表现，线条的练习是很重要的一个环节，线条的作用如同文章中的词汇，可以作用于画面的整体结构和主体形象。

　　很多人认为线条练习枯燥乏味，没有什么必要，在这里有必要强调一下线条在手绘表现中的重要性：无论是简单的、复杂的单体，还是小的空间、大的场景，都是由基本的线条组成的，线条的疏密、倾斜方向的变化、不同线条的结合以及运笔的急缓都会产生不同的画面效果。可以说，画面氛围的控制与线条的画法有着紧密的联系，因此，线条的练习是必不可少的。

3.1.1 直线的练习

　　直线在手绘表现中最为常见，使用频率最高，"直"不代表要绝对笔直，视觉上感觉相对直即可。直线练习有徒手绘制和利用尺子绘制两种，相对而言，徒手绘制更方便灵动，更具情感色彩。因此，建议大家一定要掌握好徒手绘制的技巧，在进行直线绘制练习时，尽量让直线刚劲挺拔、干脆利落并且富有力度。

- 直线的类型

　　直线可分为水平线、垂直线和斜线3类。不同类型的直线具有不同的情感色彩，归纳如下。

- ⊙ **水平线：**引导视线左右移动，产生舒展、水平延伸、开阔的视觉感受。
- ⊙ **垂直线：**促使视线上下移动，显示高度，产生高大、耸立的视觉感受。
- ⊙ **斜线：**富于动感，使人感受到一端到另一端的收缩或扩展，产生一种变化不定的视觉感受。

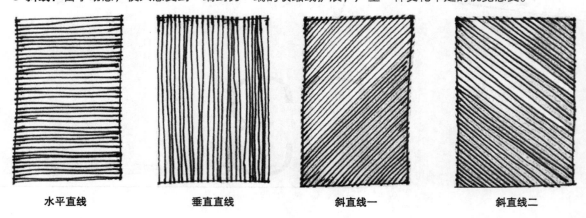

| 水平直线 | 垂直直线 | 斜直线一 | 斜直线二 |

- 直线的练习

　　直线具有挺拔舒展的特点，在绘制线条时，运笔的快慢、线条的粗细长短，都能控制画面的艺术感。一条直线的绘制过程可归纳为起笔、运笔和收笔3个阶段，直线整体轮廓为两头重、中间轻。

　　在练习直线绘制时，手要自然放松，力度平和、均匀、流畅，运笔要稳，线与线之间要适当交接，同时要注意间距与虚实变化，切忌将直线画出边界。

直线有长、短和斜3种，在绘制不同直线时有不同的要求，归纳如下。

① 在绘制长直线时，运笔应保持平稳，追求"大手小曲"。

② 在绘制短直线时，运笔可以自然快速一些，切忌呆板。

③ 在绘制斜线时，一定要控制好倾斜角度，保持线条方向一致。

请读者根据前面的介绍，完成图示中的直线练习。

网格排线练习

斜线排线练习

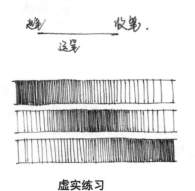
虚实练习

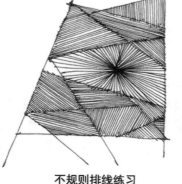
不规则排线练习

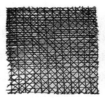
纵横疏密交错

肌理排线练习

- 直线的运用

在手绘表现图中，直线强调的是线的连续性和准确性，因此，在绘制时，大家应胸有成竹，有目的地绘制每一笔。不同线条的画法与运用能表现出不同家具、陈设、材料的质地，而直线常用来表现建筑、家具、玻璃和金属等坚硬平滑的物体，比如，因为短直线的组合和时快时慢的运笔节奏可产生笨拙感，所以设计师常用短直线来表现粗糙的石材类物体。

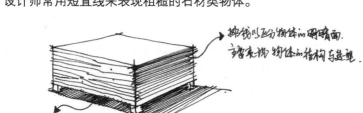

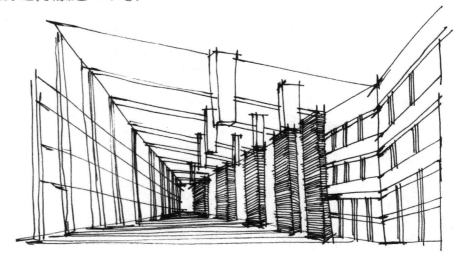

3.1.2 曲线的练习

曲线练习是学习手绘表现过程中的重要技术环节。线条的流畅和美感对一幅优秀的手绘表现图起着至关重要的作用，而曲线的运用，往往是整个画面最活跃的部分。因此，曲线的练习是非常有必要的。

扫码看视频！

- 曲线的类型

一般情况下，曲线可分为弧线和自由线两种类型。

⊙ **弧线：**弧形线和波浪线。弧线是手绘表现中常用的艺术造型语言，可以产生圆滑、轻柔的画面效果，常给人飘逸、柔和的心理感应。

⊙ **自由线：**包括自由折线、自由凹凸线和随机线。自由线是设计师随性画出的线条类型，往往在不经意的运笔过程中就能迸发出创意的灵感。

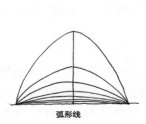
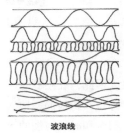

弧形线　　　　　　　波浪线

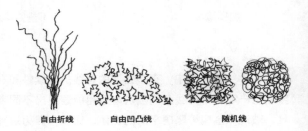

自由折线　　　自由凹凸线　　　随机线

- 曲线的练习

曲线的练习虽然要求自由洒脱，但它讲究的是在有序和无序之间找到一种变化。在练习过程中，读者应熟练灵活地掌握笔和手腕之间的力度，让指关节放松，从而画出变化自然、丰富的线条。

在绘制曲线时，有以下几点注意事项。

① 画曲线时，一定要果断有力，切忌出现描线的情况。

② 运笔平稳、流畅，尽量一气呵成，切忌犹豫、停顿。

③ 分段画时，运笔的起止应该跟随画图者的气息变化。

④ 笔触力度不能太大，以免破坏曲线本身飘逸、轻柔的情感特征。

⑤ 做到心中有"谱"，知道从什么地方起笔、什么地方转折、什么地方停顿。

请读者根据前面的介绍，完成图示中的曲线练习。

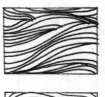
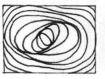

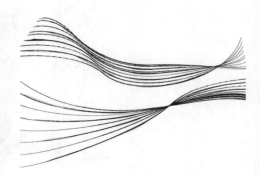

● 曲线的运用

　　曲线多用于表现植物和室内陈设品。在空间设计中，圆弧线往往用于创造圆形空间，以展现空间的聚合力，也常用其表现植物、水体、圆形的柱状物体等；自由线在概念设计阶段的意向草图中运用最多，其画面不拘谨，不追求深入刻画。另外，自由线亦可以作为表现物体明暗关系的艺术处理手法。

3.1.3 抖线的练习与应用

　　其实将线条按形态来分类，只分为直线和曲线两大类。之所以把抖线单独列出来，是因为对于大多数手绘爱好者来说，这种线条比较容易掌握而且富于表现力。同时，抖线可以把画面结构画得更加清楚，且更具艺术感染力。

扫码看视频！

● 什么是抖线

　　抖线亦曲亦直，是草图用线，由于其运笔速度比较慢，容易控制好线的走向和停留位置，可以给设计者留下比较大的思考空间，给人自由、休闲的感觉。如果用直线去画一条长线，因为速度快，不容易把握走向和长度，还可能出现线斜、出头太多等情况，而抖线却可以避免这个问题。

● 抖线的练习

　　抖线根据运笔时间长短和波浪数多少可以分为大、中、小抖线，在绘制时，请注意它们各自的区别。
　⊙ **大抖线**：以100mm的线为例，大致运笔2秒，抖动而成的波浪形线的波浪数在8个左右为宜。
　⊙ **中抖线**：以100mm的线为例，大致运笔3秒，抖动而成的波浪形线的波浪数在11个左右为宜。
　⊙ **小抖线**：以100mm的线为例，大致运笔4秒，抖动而成的波浪形线的波浪数在25个左右为宜。
　　总之，抖线的要点是流畅、自然，要做到有形而无形、无形而有形。请读者根据前面的介绍，完成图示中的抖线练习。

● 抖线的运用

　　相对其他线条而言，抖线在景观设计表现中应用较为广泛，在室内手绘表现中也有或多或少的应用，这主要看绘画者的喜好和风格。

 Tips

　　至此，线条的练习已经全部介绍完毕，读者在练习初期，或多或少会出现问题。为了方便读者学习，作者将线条练习的注意事项整理如下。
　　① 线条要连贯放松，运笔切忌迟疑和犹豫。
　　② 一次一条线，切忌分小段往返描绘。
　　③ 下笔肯定，切忌收笔有回线。
　　④ 可局部小弯，但求整体大直。
　　⑤ 过长的线可断开，分段再画，切忌压在原来点上继续画，应空开1mm再继续画。
　　⑥ 排线的基本规律是平行于边线和透视线，或者垂直于画面，切忌乱排。
　　⑦ 注意交叉点的画法，线与线之间应该交上，并且延长，增强交点厚重感。
　　⑧ 在画的过程中，线条有的地方要留白或者断开。
　　⑨ 先了解被画物体的特性，属柔软还是坚硬，以便选择适当的线条去表达。

3.2　室内陈设体的线稿表现技法

室内空间环境是由陈设单体组成的，在手绘表现图中占有重要的位置，是烘托室内环境、营造气氛和彰显气质的关键所在。以陈设为主体的表现图要在保证形体透视准确的大前提下，结合材质与比例尺度，将陈设单体完美地融入表现图。

3.2.1　室内家具的线稿表现

家具是室内空间表现中不可缺少的构成元素，它内容多、尺度大，是反映空间特征的主体，也是室内环境透视图绘制的主要对象。同时，家具组合能产生丰富的空间效果，是空间基调的重要组成部分。

扫码看视频！

- 家具线稿表现技巧

第1点：用"几何形观察法"去记忆和表现家具造型是最有效的途径。了解最新的款式、结构和材料，把每个单体家具想象成若干个几何体，把握好各个角度，按透视规律进行绘制练习，做到透视准确。作者不建议读者通过简单的临摹来完成家具线稿表现。

第2点：把握各类家具的尺寸和比例关系，绘制与空间、人体工程学相吻合的家具。注意，控制好空间和单体的尺度是非常关键的，不容有失。

第3点：对家具本身结构形态有深刻地理解，将复杂的形体简单化，做到心中有数。

第4点：突出材质表现。根据物体的质地特征确定用线，刚柔并进，给人以生动逼真的效果。

第5点：控制线条疏密。阴影线条在不同面上的线条走向应按透视方向排列，阴影重的地方应密集，次之应稀疏，亮面可以适当留白，以获得明暗渐变，形成阴影和高光。

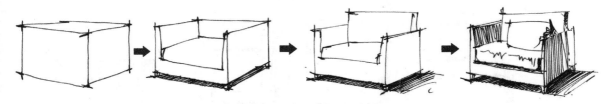

几何观察法：把单体家具想象成若干几何体进行绘制

Tips

家用家具的尺寸对于各类功能空间而言，尺寸模式是一致的，只是造型和风格的多样化而已。常见家具的基本尺寸（mm）如下。

桌子：高700~760，宽550~700，长1100~1500。　　椅子：高400~450，宽380~460，深420~530。

沙发：高350~400，宽600~800，深600~750。　　床：高400~450，宽1000~1800，长2100。

茶几：高400~500，宽400~900，长600~1200。　　床头柜：高450~500，宽450~600，深400~500。

衣柜：高1500~220，宽600~1500，深500~600。　　书柜：高1500~220，宽600~1500，深300~400。

● 家具线稿表现步骤图

第1步：找准单体家具（以沙发为例）的透视角度，遵循近大远小及曲面的透视关系，确定视平线和消失点。先用"减法"绘制出几何形体，再用铅笔勾勒出单体家具的大致结构，并根据需要调整消失点位置。

第2步：用针管笔绘制单体的（沙发）具体形态和比例尺度关系，把握好厚度及具体造型特征。在绘制过程中，遇到线条过长或曲度难以控制的情况，可采用分段式绘制手法。

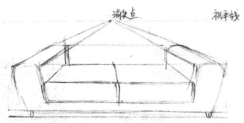

第3步：统一光源，继续深化单体，刻画细节。用编织线表现抱枕的材质，只需要画暗部，根据需要加入阴影关系，暗部的排线最密，灰面其次，亮面留白，使画面效果充实饱满。

注意：沙发中靠枕也是需要表现的，因为它是必不可少的装饰物。抱枕既能丰富沙发的块面关系，又能遮挡一些难处理的线条。在绘制抱枕的过程中，要注意明暗变化以及体积厚度，因为厚度决定了体积感。

完成图

● 家具线稿表现图

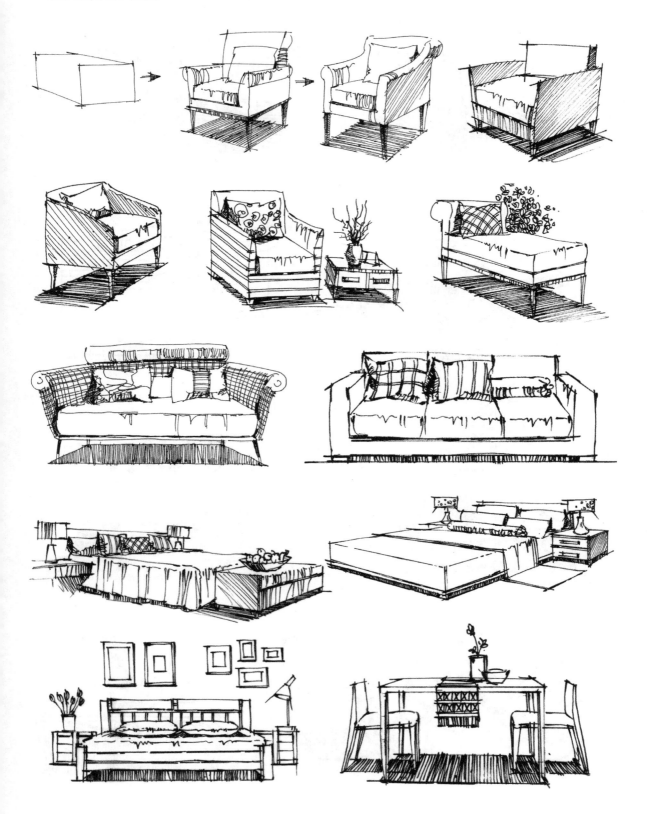

3.2.2 室内灯具的线稿表现

　　灯光在室内空间中有烘托氛围的作用，因此，所有的室内表现图都离不开灯具的刻画：白天表现灯具造型，夜间表现灯光效果。灯具的形态各异，造型样式多变，它表现效果的好坏直接影响整个空间设计的格调。比如，卧室或书房的局部光源使小环境更加温馨静谧，酒吧、舞厅的多彩光束是创造环境氛围必不可少的条件。

扫码看视频！

● 灯具线稿表现技巧

　　第1点：灯具本身刻画不必过于精细，因为多数情况下，灯具是处于背光状态的，设计师会利用灯具自身的暗来衬托光源的亮。另外，在绘制灯具时，还可以用明暗来塑造体积变化。

　　第2点：有光的地方就有影，影子的形状要与物体的外形相吻合。另外，影子会随着空间界面的形态转折变化而变化。

　　第3点：正常情况下，正顶光的影子直落，侧顶光的影子斜落，多组射光的影子向四周扩散、斜而长，呈放射状。

　　第4点：在处理光源的光感时，除了用较深的背景衬托外，还可在光源处使用白色涂改液向四周画十字形发射线。

● 灯具线稿表现步骤图

　　在此，以吊灯为例来介绍灯具的线稿表现，本例的吊灯由若干个灯罩组成，平面上呈圆形分布。

　　第1步：确定视平线的高低位置，理清灯罩之间的穿插关系，用铅笔画灯具的简易形态。

　　第2步：上墨线。把握好灯具前后的遮挡关系，绘制灯具的具体形态，并调整灯具的尺度。

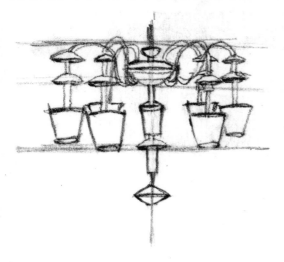

第3步：用针管笔绘制灯具的细节，丰富线性变化，加强明暗对比关系。

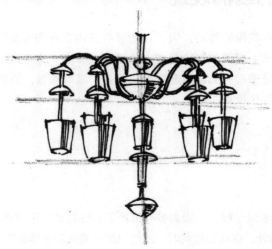

一般情况下，灯罩的基本形状是梯形。在绘制的时候，可以根据视平线的关系，确定观测视角是俯视还是仰视：如果视平线在灯具下方（仰视），灯罩的椭圆口（或是多边形口）则在下；如果视平线在灯具上方（俯视），灯罩的椭圆口（或是多边形口）在上。

视平线在灯罩下　　　　视平线在灯罩上

完成图

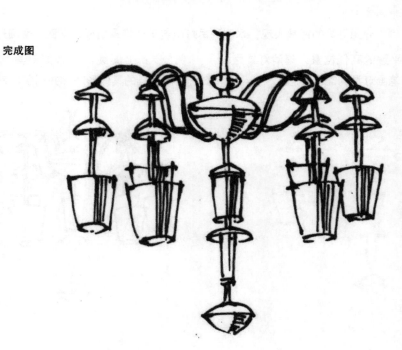

● 灯具线稿表现图

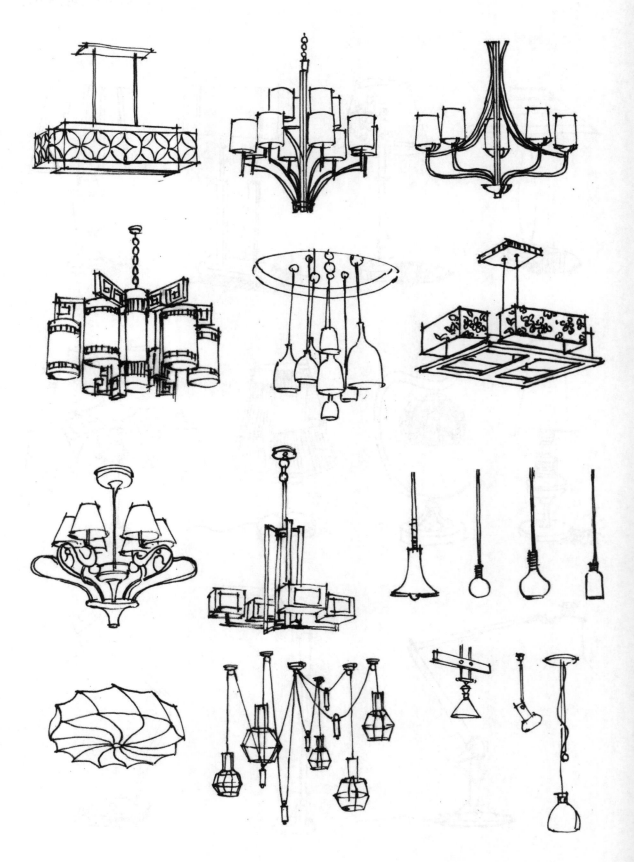

3.2.3 室内装饰品的线稿表现

室内空间中有很多装饰品，主要是指墙壁上的装饰物和案头摆设，如壁画、时钟、相框墙、花瓶、古董、水杯、茶具、果盘和报刊杂志等。它们的搭配组合千变万化，是活跃室内气氛不可缺少的部件，能带给室内空间丰富的视觉变化效果。同时，练习绘制小的装饰物，也是我们练习线条、积累设计元素的一个捷径。

扫码看视频！

- 室内装饰品线稿表现技巧

第1点：在装饰品的处理上，应尽量简单明了，强调概括表现能力，最好做到着笔不多又能体现其质感和韵味。

第2点：小单品徒手绘制，线条可以适当断开，寻找线的变化，注意线条两端的起笔和收笔。

第3点：桌面上的装饰品，投影可以垂直于物体向下绘制，这样既可作为装饰品的投影，也可作为桌面的反光。

- 室内装饰品线稿表现步骤图

第1步：确定视平线位置，调整构图，组织好装饰品组合间的前后、高低、粗细等差异关系，用铅笔将其形态勾画出来。

第2步：手头功夫熟练之后，基本上可以直接用针管笔徒手绘制装饰品组合单体。

第3步：绘制材质及暗部细节，加强转折关系，丰富线性变化。

完成图

● 室内装饰品线稿表现图

3.2.4 室内植物的线稿表现

在室内空间布局中，室内植物通常用于点缀场景或衬托主体对象，不仅有画龙点睛的作用，还能平衡画面构图上的空间重力。在室内装饰布置中，植物可用于修饰不好处理的角落，能收到意想不到的效果。例如，在楼梯下面、墙角、窗台或窗框周边等处，用植物加以装饰；或是在画面附近偌大的沙发靠背旁，伸出两三支扇状的蒲葵或婀娜多姿的凤尾竹作为收边处理，这样既增添了室内的自然乐趣，获得了大自然的生机，又起到了压角、收头、松动画面的作用，使整个空间氛围焕然一新。

扫码看视频！

● 室内植物线稿表现技巧

植物枝枝杈杈交错复杂，构成零碎，虽是配景，但多居于画面中心或前端，为了尽量避免出现因最后这几笔处理欠妥而破坏整幅画的情况，下面总结一些常用表现技法与注意事项。

第1点：认真观察植物的形态特征和各部分的关系，了解并学会概括植物的外轮廓，提炼出复杂零碎的枝叶。

第2点：初学者应进行临摹配合写生的练习，做到手到、眼到、心到，把别人在树形概括和质感表现上的处理手法及技巧应用到自己的写生练习中，这样能快速而熟练地掌握室内不同植物的形态，锻炼自己对形体的概括能力。

第3点：绘制过程中，要清楚地表现枝、干、叶的转折关系。

第4点：室内植物多为盆栽，树形相对小，嫩叶小枝用笔可快速灵活。

第5点：枝干处理时要注意上下多曲折，忌用单线；常说的树分四枝，即一株植物应有前后左右四个方向伸展的枝丫，只有按这个原理绘制，才容易画出体积感，表现应有的节奏感。

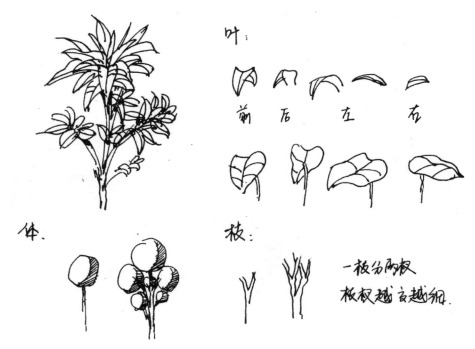

● 室内植物线稿表现步骤图

第1步：先用铅笔正确定位从枝干到叶子的植物形体。

第2步：上墨线。注意枝干的穿插关系，不用画出被遮挡的部分；注意体现出叶子前后左右的不同朝向和体积感。

第3步：加强线性变化，刻画细节，根据光照关系，加入投影，增强明暗对比关系。

● 室内植物线稿表现图

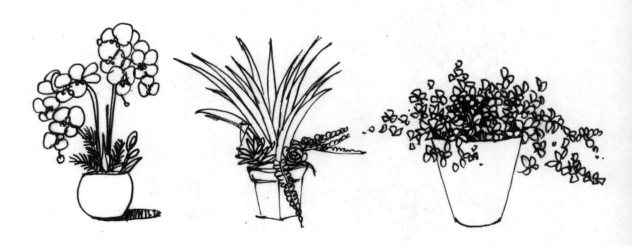

3.3 人物线稿表现技法

在表现图中，人物不仅可以点缀画面，展示空间环境的功能和气氛，还可以表达建筑尺度和空间关系的必要形象。人物线稿的画法与其他室内对象的画法一致，作为空间点缀元素，人物线稿不必刻画得过于精细，保持统一的画面风格即可。与中、远场景相适应的人物刻画，要求比例和尺度的准确，不用深入面部和服装细节；而近景人物的放置，要严格考虑构图，不要喧宾夺主，与画面形成半遮挡关系，可以适当表达面部，也不用过多刻画。

扫码看视频！

3.3.1 单人线稿表现技法

人物作为衡量空间尺寸的重要工具，有着活跃空间氛围的作用，能拉开空间及前后虚实的关系。对于设计本身而言，将人物作为配景来绘制，也就是把它当作画面构成中的一个确切元素，从比例尺度和设计规范着手，来营造空间环境的趣味性。

- 单人尺度要素分析

人体由4个基本形体部分组成，包括头、上肢、躯干和下肢。绘制人物动态，也就是绘制这4个基本形体通过关节曲直产生的各种动作。要想准确、迅速地表达动作，最关键的一点就是把握人体的尺度比例，特别是人体各部分之间的基本尺寸。

我国人体尺度基本数据如下。

⊙ **成年男性**：高度约1 700mm，头长约230mm，肩宽约420mm，上肢长约540mm，上身长约600mm，下肢长约810mm，坐高约1 220mm。

⊙ **成年女性**：高度约1 600mm，头长约215mm，肩宽约390mm，上肢长约510mm，上身长约560mm，下肢长约770mm，坐高约1 150mm。

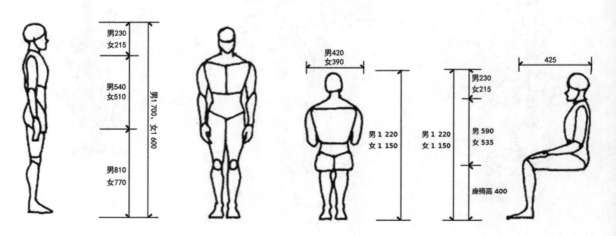

⊙ **比例关系**：为了保持绘图的方便性和人物比例的准确性，通常将人物的比例关系以头长为单位进行划分，即"立七坐五盘三半"的动态比例关系。但是，一般在设计类表现图中，我们常常对人的肢体进行适当的夸张，一般身高为8~10个头长，这样看上去较为利落、秀气。

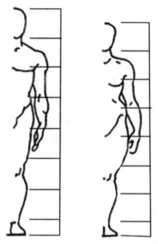
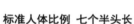

标准人体比例 七个半头长　　　　　　　　　　人体动态比例变化 立七坐五盘三半

● 人物形象特征分析

手绘表现图中的人物形象差异性，主要是指性别、年龄的内在差异和服装影响的外在差异。不同性格、不同年龄段的人，他们的形象是有区别的，所以，要以不同的线条来刻画细节差异。

服装的款式和色调可以表现人物的层次和年龄段，归纳如下。

⊙ **少女**：体态宜人、腰高腿长、长发飘飘，一般刻画为淑女或摩登女郎，用线要平滑、流畅。

⊙ **年轻人**：衣着夸张、大胆，刻画时用笔硬朗，衣着比例上短下长。

⊙ **中年人**：衣着保守、传统，两腿较粗。

⊙ **老年人**：驼背，拄拐，身体瘦弱，衣着宽大，身旁常常跟着小孩子，或两个老人互相搀扶。

⊙ **职场男士**：通常是西装与公文包搭配出场，体态较宽，常出现在办公楼、学校等场景。

- 单人线稿表现技巧

　　第1点：近景人物找准形体比例，"站七坐五盘三半"，可参考时装人物画法，双腿修长；远景人物注意动态姿势，可省略细部刻画，保留外部轮廓，保证动势与中心平衡。

　　第2点：动势的把握在于关节的转折、肌肉拉伸的姿态和人的行为习惯等。

　　第3点：重心一般是在过锁骨窝垂直于地面的直线上。人物在直立时，线在两腿间；人物在运动时，重心位置与支撑的腿相关；人物在静坐时，重心与接触的座位有关。

　　第4点：视高所在的人物身上的位置点是画面中需要绘制的所有人物同一比照的位置点。

　　第5点：人物在画面中有正面、侧面、背面，不同角度会有不同透视结构变化，呈现的动态也不同。

　　第6点：具体构图时，尽量不要使人物处在同一条线上，避免画面呆板。

　　第7点：衣着服饰褶皱的位置一般是关节的转折处，线条往往是从这里发散，要求用笔肯定。

　　第8点：男女的刻画，除了在服饰上区分，还可以根据人体各部分宽度、比例来表现。相对而言，男性肩宽胯窄，体态宽大，棱角分明；女性肩窄胯宽，腰细腿长，线条圆润。

　　第9点：在表现图中，儿童身高比例与成年人不同，头长与身高的比例大致是1∶6，身材略胖，可配合书包、气球、玩具等活跃画面气氛，使其表现更加生动。

• 单人线稿表现步骤图

单人线稿的表现是，一般从局部入手，逐步完成，要求遵循人物的形体和动态特征。

第1步：从头部开始，注意脸型和面部的特点，并刻画出颈部的动态。

第2步：依次绘制肩、身体上部和上肢，需要把握好肩、肘和主要关节的动态关系。

第3步：将臀、胯、下肢和脚绘制出来，注意重心的协调和动势倾斜变化。

3.3.2 成组人物线稿表现技法

　　人物在表现图中是不可缺少的主要配景。相比单独的个人，成组人物更有感染力，其相互重叠的形式，既可以增加体量感，也可以使空间感和进深感更加突出。成组的人物适合表达繁荣热闹的空间，常出现在建筑、环境景观透视表现图中，室内表现图中以公共空间内最为常见。

● 成组人物线稿表现技巧

　　成组人物线稿表现可增加画面的连续性，避免画面呆板、孤立。在绘制时需要注意以下3点。

　　第1点：因为群组人物体量大，所以在摆放时要尽量避免遮挡空间中的重要部分，另外，要分清主次，建议使用层叠原理来表现进深和空间。

　　第2点：在平行透视图中，群组人物的头部都应控制在画面视平线的高度处，增强画面真实感。

　　第3点：其他表现技巧与单人线稿表现一致。

视平线

● 成组人物线稿表现步骤图

　　成组人物是协调情景气氛的关键因素，要注意掌握人与人、人与物之间的相互呼应关系。在绘制时需要注意以下3点。

　　第1步：切忌无从下笔，先选择合适的位置，从最具代表性的人物入手进行绘制，并以此作为其他人物的参考。

　　第2步：绘制邻近人物，协调与第一参考人物之间的比例和动态关系。

　　第3步：表现情景氛围，使人物之间形成沟通，画面效果更生动。

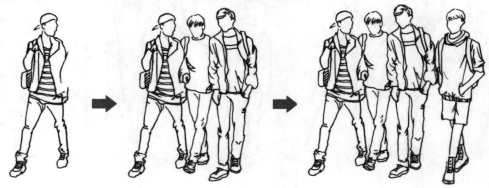

• 成组人物线稿表现图

3.4 室内平面图与立面图的线稿表现技法

　　平面图和立面图与效果图的重要性一样，最终目的都是服务于设计师创意构思的表达，是设计师与用户进行沟通交流的桥梁，是建造完美空间环境的过程。在绘制室内平面图与立面图时，要求设计者必须拥有娴熟的图形表达手绘技巧。下面分别对室内平立面图的表现技法进行介绍。

3.4.1 室内平面图的线稿表现

　　平面图是掀开房顶，垂直向下俯视室内空间的图像，它虽然不能像透视图那样完整地表现室内空间关系，但是能一目了然地表达空间的布局、功能划分以及空间与空间的人流动向等。

扫码看视频！

● 室内平面图线稿表现技法

　　第1点：在绘制平面图时，可直接在CAD打印图纸上绘制，也可用硫酸纸覆盖在CAD图纸上进行绘制，这样方便局部修改，且不影响徒手表达。

　　第2点：墙体的绘制，宜选用较粗的针管笔，线条之间可交叉，以增加厚重感。在涂黑承重墙时，切不可超出墙体线，注意保持画面整洁。

　　第3点：在绘制门窗时，一般用1/4半圆表示门，用4根细线表现窗。

　　第4点：在标注尺寸时，尺寸的数字方向应保持一致，且标注至少应有两层，内层为各房间的具体尺寸，外层为总长度。

　　第5点：在绘制室内装饰时，要注意比例尺度和同一材质的方向性，同时线条不宜画得太满。

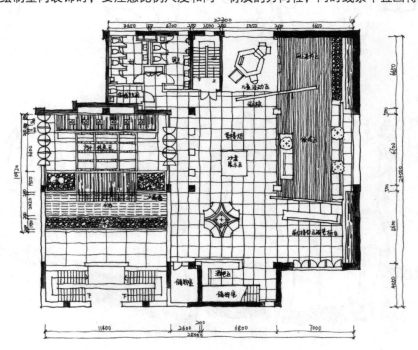

- ## 室内平面图线稿表现步骤

第1步： 按比例尺度徒手或借助直尺绘制墙体的框架，即户型形状。

第2步： 用较粗的黑色针管笔或黑色马克笔将不可拆除的承重墙涂实，将非承重墙和窗留白。

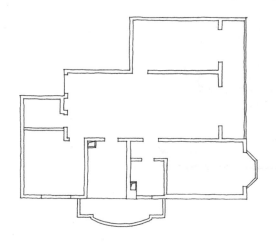

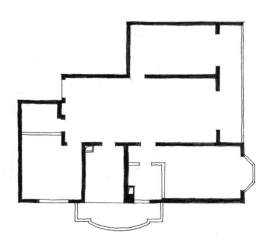

第3步： 用较细型号的针管笔绘制门、窗，然后做好尺寸标注。

第4步： 用同一比例绘制家具等陈设物品的具体位置，小部件家具可用简单的线条轻轻带过。

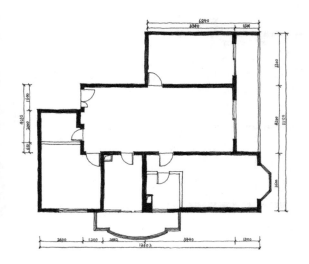

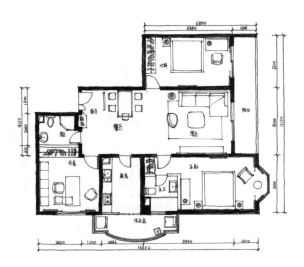

第5步：用最细的针管笔绘制铺装，可用铺装区分功能空间，但不宜太过花哨，注意保持材质铺装方向的一致性。

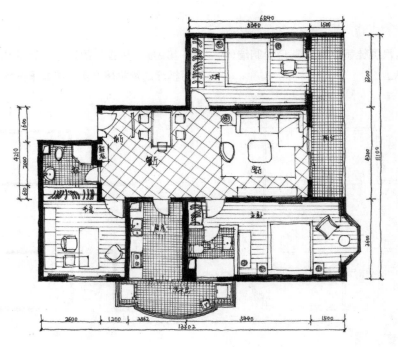

第6步：确定光源，绘制家具阴影，保持阴影方向一致，增加立体感。家具越高，投影越大，反之则越小。

3.4.2 室内立面图的线稿表现

立面图能较为详细地展现空间设计的二维效果，它与平面图一样，都是传达设计师整体立意的设计表达方式，它能有效地将各空间立面的尺寸、装饰结构以及材料搭配表现出来。

扫码看视频！

- 室内立面图线稿表现技法

第1点：严格按照同一比例尺度来绘制立面图。在绘制立面墙体框架时，地面线往往比墙面线和顶面线粗，需要反复加粗3~5遍。

第2点：住宅房一般高为2.7m，最低不能低于2.6m，床垫和沙发一般高为0.4~0.45m，建议以此为参考进行其他陈设品的绘制。

第3点：线条应软硬兼备，轻重粗细要得当，以区分柜子、茶几、窗帘、抱枕等不同材质，使画面更具美感和韵律。

第4点：由下至上用标注点标注材质及规格。

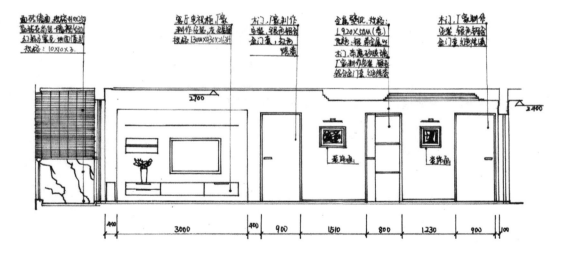

- 室内立面图线稿表现步骤

第1步：按比例确定立面高度，徒手或用直尺辅助画出墙体的长和高，注意线条的起笔、收笔，两条线之间可有交叉。

第2步：确定家具等陈设品的具体位置，可以使用较细的针管笔进行绘制。

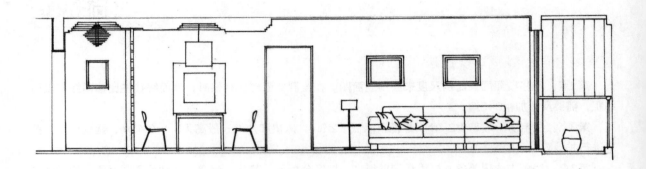

第3步：选用最细的针管笔，绘制墙立面的不同材质及样式。

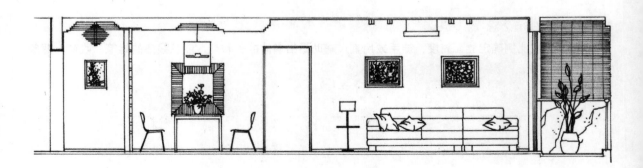

第4步：确定光源，绘制各陈设品的阴影，并保持阴影方向的一致性。

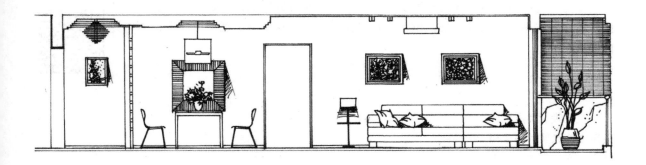

第5步：进行尺寸标注和文字说明，文字说明主要是指材质及规格。

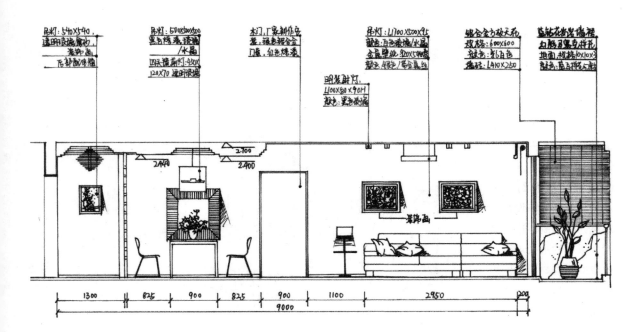

3.5 室内空间的线稿表现技法

　　把若干个陈设单体进行组合，按照统一的透视变化放置于一个大的空间结构中，这就是室内空间的线稿表现。它能直观准确地表达设计师的空间创意，可以帮助设计师快速推敲设计方案。

　　室内空间的线稿表现既是对环境艺术空间概括能力的体现，也是检验是否熟练掌握单体与透视画法的标准。它的难点是如何保持表现空间透视与单体透视的协调统一。

扫码看视频！

　　在初期，大家可以采用临摹和照片写生相结合的方法来练习室内空间的线稿表现技法。

　　第1步：首先确定视平线和消失点，然后适当调整照片的视点，用铅笔画出大体轮廓。注意，在人视点角度切忌出现多个消失点。

　　第2步：用针管笔描线，把握好空间整体结构形态，按照空间层次，从近到远依次画出家具等陈设品。注意，在绘制时应遵循近大远小的透视规律，把握好不同材质间的用线变化。另外，被遮挡的物体不用画。

第3步：确定光源，画出陈设品的阴影，并保持阴影方向的统一性，以保证画面协调。

第4步：根据明暗变化画出物体的体积，每个物体都应至少由黑白灰3个面组成。另外，注意保持整体画面黑白灰关系的协调一致。

第5步：调整画面，强调近实远虚。可以用较粗的针管笔强调一下近处家具明暗交界线的位置，以突出强调转折。

1.练习绘制直线、曲线、抖线，每种线条10张（A4纸）。

2.搜集室内单体和人物实景照片，结合临摹进行写生照片练习。

3.室内平立面的表现技法有哪些？课下了解平立面图制图规范。

4.选择学校任意一个室内空间进行照片线稿写生。

04

彩铅与马克笔着色表现技法

CHAPTER FOUR

- 熟练掌握彩铅着色基础与表现技法
- 了解马克笔属性，掌握其用笔和光影训练
- 熟练掌握马克笔与彩铅的综合运用
- 熟练掌握室内空间上色技法

4.1 彩铅着色基础与表现技法

彩铅即彩色铅笔，是绘制手绘效果图常用的工具之一。彩铅着色是一种介于素描和色彩之间的绘画形式，具有使用简单方便、颜色丰富、色彩稳定、表现细腻和容易控制的优点，常用来表现建筑草图、平立面的彩色示意图和初步的设计方案图。彩铅着色不仅能给人一种柔和的感觉，还能更好地让色彩完美融合，表现出轻盈、通透的质感。

一般来说，彩铅画都宜选用质地较为粗糙的纸张作画，因为纸张颗粒大，附着力强，易上色，使其色彩充分展示，否则容易出现色彩灰弱的情况。彩铅画的不足之处是色彩不够紧密，画面深浅明暗变化不是很大，且不宜大面积涂色，一般不用它来表现展示性强的或是画幅大的表现图。

4.1.1 彩铅的种类

彩铅一般分为蜡质彩铅和水溶性彩铅两种。

⊙ **蜡质彩铅**：笔芯大多数是蜡基质的，色彩丰富，表现效果特别。

⊙ **水溶性彩铅**：笔芯多为碳基质，具有水溶性，但是水溶性的彩铅很难形成平润的色层，容易形成色斑，类似水彩画，比较适合画建筑物和速写。

彩铅颜色很多，一般有12色、24色、36色、48色盒装的，甚至还有72色的。在选择彩铅时，以含蜡较少、质地较细腻、笔触较为松软的水溶性彩铅最多，因为水溶性彩铅更为便捷，可干画，亦可湿画，比较容易控制。在进行湿画时，可以先用彩铅上色再用水笔渲染，也可直接用彩铅蘸水描绘；而含蜡少彩铅不宜叠加，不易画出丰富的层次，画面会出现"油、滑"的现象。

⊙ **比较好的彩铅品牌**：中国马可、德国施德楼、英国得韵、德国辉柏嘉、捷克酷喜乐、瑞士卡达、荷兰凡高、德国天鹅、日本三菱、日本荷尔拜因。

4.1.2 彩铅表现技法

　　彩铅的使用方法、技巧与铅笔素描大相径庭，彩铅的笔法主要体现从容、独特的特点，效果图表达为典雅、朴实。对于具有一定素描基础的人，基本上能自如地运用彩铅表现形体。

扫码看视频！

- 蜡质彩铅的绘制方法

　　⊙ **构图：** 先用铅笔画出对象的轮廓。

　　⊙ **上色：** 彩铅画的基本画法为平涂和排线，然后结合素描的线条来进行塑造。因为彩铅有一定笔触，所以在排线平涂时，要注意线条的方向，要有一定的规律，轻重也要适度，手的力道不同，画出的线条的深浅也不同。因为蜡质彩铅为半透明材料，所以在上色时要按先浅色后深色的顺序，否则会造成深色上翻。

　　⊙ **修改：** 对物体的亮面和高光面用橡皮或小刀进行处理。

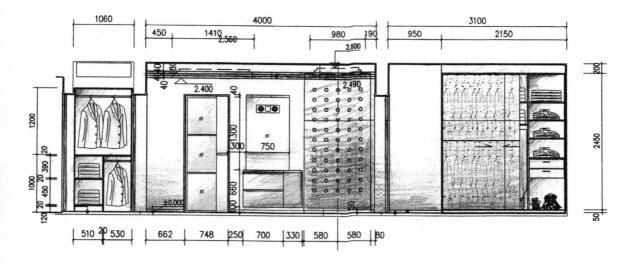

- 水溶性彩铅的基础技法

　　⊙ **平涂排线法：** 运用彩色铅笔均匀排列出铅笔线条，达到色彩一致的效果。

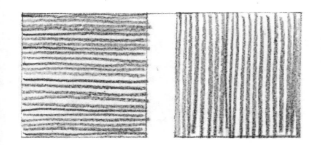

平行线：沿着一个方向排线

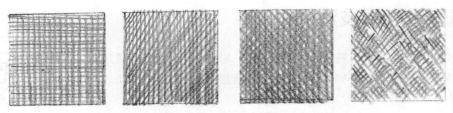

交叉线：随着交叉角度不同而呈现不同画面效果

⊙ **叠彩法**：运用彩色铅笔排列出色彩不同的铅笔线条，色彩可重叠使用，变化较丰富。

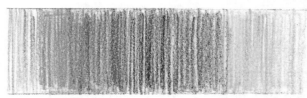

⊙ **水溶退晕法**：利用水溶性彩铅溶于水的特点，将彩铅线条与水融合，达到退晕的效果。

用沾水画笔在画上轻刷，**使丰富的色彩融合**

● 彩铅运笔的练习

　　彩铅笔触排列要注意下笔轻重、笔触转折，可根据图案元素的独特属性排线，颜色的过渡和叠加方式不同，会产生效果的不同。请根据前面的介绍，完成图示中的彩铅运笔练习。

✏️ Tips

　　在彩铅表现中，读者需要注意以下5点。

　　第1点：排线方向要保持一致，讲究线条排列的疏密、方向等秩序感，不要涂抹。排线要显示笔触的灵动和美感，注意间距均匀。交叉线可用来表现阴影和人物皮肤以及平滑的转折处；平涂线适宜表现细腻的地方。

　　第2点：彩铅表现应注重对颜色深浅的控制和把握，要拉开色阶，加强色彩明度渐变的对比。

　　第3点：尽管彩铅可供选择的颜色很多，但在作画过程中，也免不了要混色，以调和出所需的色彩。

　　第4点：修改画面可用橡皮泥黏去要修改的部分，尽量少用橡皮擦，以免擦脏画面。

　　第5点：注意把握整体效果，要从大到小着手表现，避免重视局部而忽略整体效果。

4.1.3 彩铅表现步骤

彩铅效果图是借鉴素描艺术造型规律来塑造室内空间的表现技法，着色时要按步骤进行，注意轻重明暗关系。

扫码看视频！

第1步：画出精细、清晰的底图，可用单色轻轻打底，也可用针管笔渲染基本的素描关系。

第2步：在此基础上叠加基本色调画出物体固有色，用深色彩铅画出物体的暗部及投影，每一步都不用画得太满，要为下一步留出余地。

第3步：在把握整体大色调的基础上，要局部描绘家具等陈设的材质。灯光的描绘，以及窗帘、布艺等织物的柔滑质感等都能发挥彩铅的优势。

第4步：整体深入刻画，调整画面关系。由于彩铅画不了特别深的颜色，较重的颜色可以配合马克笔加深，也可用较粗的中性笔最后强调一下明暗转折位置，保证虚实关系，完成画面。

4.2 马克笔着色基础与表现技法

　　马克笔是一种较好的快速表现工具，它携带方便、上色迅速、概括能力强、色彩鲜艳、画面平整洁净、上色效果直观突出，适宜快速表现和记录设计师构思瞬间。由于它的这些特征导致不宜重复叠色、用笔停顿和用力不均，这就要求设计师充分了解马克笔的颜色特性、色号和用笔规律，这样才能快速果断地完成绘制。马克笔不算是纯粹的绘画工具，是应设计而生的。它先被用于设计物品、广告标语、海报绘制或其他美术创作等场合，后来随着其颜色和品种的增加也被广大室内设计者使用。

4.2.1 马克笔的种类

　　马克笔的色彩种类繁多，按墨水分为油性马克笔、酒精性马克笔和水性马克笔，按笔头分为纤维型笔头和发泡型笔头。

● 按墨水分

　　⊙ **油性马克笔**：以美国的AD为代表，由二甲苯为颜料稀释，快干，耐水、耐光性好，具有色彩饱和、明度高、易挥发的特性。有较强的渗透力和附着力，适合在光滑的复印纸上着色，色彩容易扩散；也可在草图纸或硫酸纸上着色，笔触柔和自然，干后色彩稳定不易变色。

　　⊙ **酒精性马克笔**：以韩国TOUCH为代表，主要成分是染料、变性酒精、树脂，有速干、防水、环保、易挥发的特点，应于通风良好处使用，使用完需要盖紧笔帽，要远离火源并防止日晒。酒精性马克笔可在任何光滑表面书写。

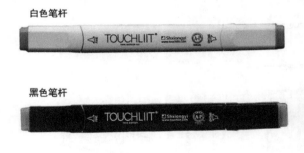

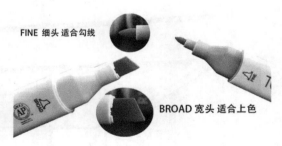

　　⊙ **水性马克笔**：颜色亮丽透明，笔触感强，多次叠加颜色后会变灰，而且容易损伤纸面。还有，用沾水的笔在刚画好的颜色上面涂抹的话，效果跟水彩很类似，有些水性马克笔干后会耐水。所以买马克笔时，一定要了解马克笔的属性以及画出来的样子。

- 按笔头分

⊙ **纤维型笔头**：笔触硬朗、犀利，色彩均匀，高档笔头设计为多面，随着笔头的转动能画出不同宽度的笔触。纤维型笔头适合空间体块的塑造，多用于建筑、室内、工业设计、产品设计的手绘表达。

⊙ **发泡型笔头**：较纤维型笔头更宽，笔触柔和，色彩饱满，画出的色彩有颗粒状的质感。发泡型笔头适合景观、水体、人物等软质景和物的表达，多用于景观、园林、服装、动漫等专业。

一般情况下，油性马克笔为发泡型笔头，酒精性马克笔和水性马克笔为纤维型笔头。

4.2.2 马克笔的运笔训练

运笔训练是学好马克笔的关键。马克笔笔触的练习跟之前的线条练习有异曲同工之处，都要求经过不断的练习，熟练掌握各种笔法。

扫码看视频！

- 笔触的不同形式

笔触的形式可以按点、线、面来划分。一般来讲，成"块、面"的笔触比较整体，更加有冲击力；"线、面"的笔触最为常用；"点"的笔触多用于一组笔触运用后的点睛之处。以下是关于不同形式的笔触的介绍。

⊙ **圆点**："点"的笔触，相对来说比较活泼，没有很明显的统一方向感。圆点可以用于调和画面，来打破"面"的平整；或者用于表现纺织品、地毯、其他材质和图案的表面。

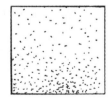 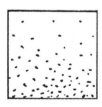 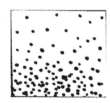 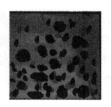

⊙ **墨迹**：由小圆点晕开得来，比较随意，用法和圆点差不多。墨迹常用于表现玻璃的肌理，以及大理石或金属的反光。

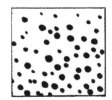  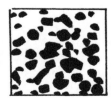 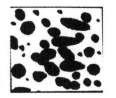

⊙ **草涂**：形式没有什么限制，用笔压力不同表现出的笔触的粗细明暗也不同。草涂用于表现木纹或大理石的纹理。

⊙ 注意，不同型号的马克笔头或是利用笔头的角度可以表现出不同粗细的线条和丰富的变化。

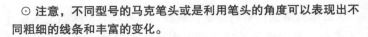

● 笔触的排列方式

笔触的排列以徒手为主，必要时也可以借助尺子，主要的排列方式有平铺、叠加和留白。

⊙ **平铺**：就是平涂。平铺是马克笔表现中最为常用的运笔，可以横向、纵向、斜向平铺，主要用于大面积的体块表现，基本属于全涂状态。因此，平铺时要注意讲究线条的粗细变化，避免画面过于死板。

⊙ **叠加**：平行重叠排列。叠加一般在第一遍色彩还没干透的情况下进行，这样可以使颜色快速融合。单色或同色系叠加是最常见的，互补色尽量不叠加，否则颜色会脏腻。另外，叠加次数最多为三次，以免影响颜色的通透性。

⊙ **留白**：画面中适当留白可以增强画面的通透性，留有余地，使画面不至于沉闷。

单色叠加　　　　　同色系叠加　　　　　互补色叠加

- 错误的运笔

以下总结出来4种常见的运笔错误，请大家在练习时尽量避免。

第1种：起笔和收笔用力过重，两头出现节点。　　　第2种：头重脚轻，有头无尾，收笔过于随意。

第3种：运笔不果断，过程中犹豫不决，出现分段锯齿。　　　第4种：运笔力度不均，抖动，出现起伏。

- 色彩的渐变与过渡

色彩的渐变与过渡主要有两种：同色系渐变和单色渐变。

⊙ **同色系渐变**：选择同一色系中不同明暗值的马克笔来进行色彩的渐变，最少3支。下面以从中间向两侧渐变为案例进行示范。

第1步：选择同一色系里面颜色最浅的马克笔进行第1遍平铺。　　　第2步：在第1层颜色未干之前，用第2支笔从中间向两侧平铺，此时会出现很明显的色块。

第3步：在第2层颜色未干之前，用第1种颜色迅速在两色块交界处叠加几笔，使其过渡自然。　　　第4步：用最深的颜色，从中间向两侧平铺，如需要用第2种颜色过渡，务必在未干之前进行。

⊙ **单色渐变：**可通过用笔力度和笔头方向转换控制渐变层次。

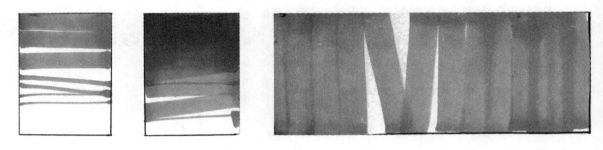

● 马克笔的运笔练习

　　请大家根据前面的介绍完成图示中的练习。在练习时，笔触要成"块"，这样的笔触比较有冲击力，尽量在整体中寻找变化，注意笔头的微妙变化，保持笔触轻松肯定、洒脱自在。

4.2.3 马克笔体块与光影训练

　　在马克笔运笔训练的初级阶段，可以用一到两只笔塑造几何单体的明暗关系和黑白灰关系，这样就不用考虑颜色的搭配，只需要把物体的明暗关系和阴影层次表达清楚即可；也可以通过几何形体来描绘练习，如用马克笔表现立方体、圆柱体等单色或近似色的体块和光影训练。

　　在马克笔描绘时，通常采用由浅到深的顺序来表达单体的黑白灰，在素描关系的基础上，通过调整用笔颜色的轻重、笔触次数的叠加来增强画面的表达效果。注意体块与体块之间的联系和投影变化，面与面之间要区分开来，增强对比。

扫码看视频！

● 立方体光影表现

第1步：确定光的来源，受光面为亮面，背光面为暗面。

第2步：强调明暗交界线，区分明暗面，增强视觉冲击。

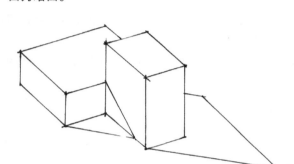

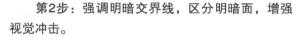

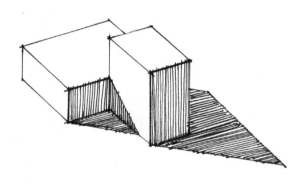

第3步：从明暗交界线处开始处理画面，亮面可以留白或轻轻扫一遍颜色，暗面用粗而平的笔触逐渐退晕，必要时可以多回几笔来增强对比。对于大面积的暗部，可以用一些适当的笔触变化来丰富画面。同时，要留出反光的位置，不能全部涂满，要保证整个暗部透气。

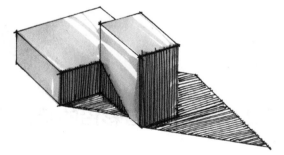

第4步：处理暗面与投影的关系。投影的光影关系要明确，投影也需要做一点变化，这样不至于显得呆板。

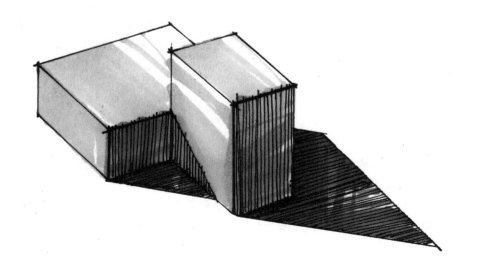

- 圆柱体光影表现

圆柱的光影表现与立方体类似，也是按亮面、灰面、明暗交界线、暗面、反光、投影进行刻画，笔触要根据形体退晕，让圆柱体"圆"起来。在表现时，要注意以下要点。

① 从整体上看，亮面受光最强，颜色最浅。

② 灰面是亮面与明暗交界线的一个过渡面。

③ 明暗交界线是亮面与暗面之间的衔接，是最该强调的一个位置，颜色最重。

④ 暗面背光，受环境影响而没有一个很明确的色相，切忌画满，不透气，尽量看准颜色一步到位。

⑤ 反光是经过周围环境产生的，反的是环境的光，是仅次于亮面的区域，需要留浅色处理，或是后期用涂改液提亮。

⑥ 投影是根据光源和周围环境定的，不需要太多颜色，切忌画满，投影处理得好坏直接影响物体的前后深渊透视效果。

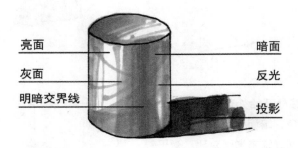

4.2.4 马克笔与彩铅的综合运用

不同的工具有不同的特性，也有各自的局限性，呈现出的表现技法和表现效果也存在差异。为了更加完美地展现设计的意图和内涵，单用一种技法就略显不足了，所以就需要运用不同工具综合表现。

马克笔与彩铅的综合运用能够使画面更加细腻，丰富画面色彩关系，使物体质感增强，但是不宜大面积使用，否则会出现闷或不透气的感觉。两种工具结合，应以一种工具为主，另一种工具为辅。

扫码看视频！

- 马克笔为主

如果以马克笔表现为主，可以在后期针对马克笔表现不足的地方，用彩铅调整，使画面更加生动、协调，主要有以下3种情况。

第1种：马克笔超出了边界，可以用颜色相近的彩铅修正。

第2种：用彩铅在马克笔上做出材质的肌理，绘制材质的纹路。

第3种：用彩铅在马克笔上勾出铺装的接缝。

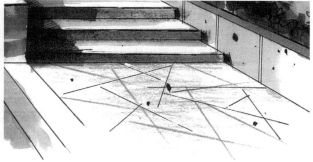

● 彩铅为主

若以彩铅表现为主,可以在彩铅铺设完整体色彩关系之后,再运用马克笔适当加重暗部和投影,使画面更具有整体性。

4.2.5 马克笔使用的几个小窍门

在使用马克笔表现效果时，可以使用一些小窍门来增强效果和提高效率，总结如下。

第1个：马克笔颜色丰富，品种繁多，初学者可以制作一个色卡，这样有利于记忆不同型号笔的基本性能。

第2个：马克笔基本属于干画法，颜色附着力强又不易修改，要把握笔触在瞬间的干湿变化。要想画出融合度强的效果，要在第一种颜色未干之前进行；相反，要想表现一些笔触变化，丰富画面的层次和效果，一定要等第一遍颜色干完再画第2遍或第2种颜色，否则颜色会融在一起，没有笔触轮廓。

第3个：马克笔相比水彩、水粉等其他工具，笔触较小，所以要求用笔按块、面进行，在整体中找变化，不然笔触容易杂乱无章。

第4个：用快干的笔制造枯笔的效果，用于点缀暗面，使其有透亮感。

4.3 马克笔室内空间表现的技法与步骤

室内空间的快速表现是围绕墙面、地面、顶面之间的相互组合关系，按照空间需要进行的。马克笔室内空间表现强调运用色彩的特性表现空间的进深感，通过形体、色彩、材质、光影的关系为设计提供处理空间主体与环境关系的方法。

4.3.1 马克笔室内空间表现技巧

室内空间不同于室外，它是有限的，室内空间无论大小都有规定性，因此相对来说，生活在有限的空间中，人的视距、视角、方位等方面都会受到一定限制。马克笔室内空间表现主要和人工因素发生关系，如顶棚、地面、家具、灯光、陈设等。所以我们在进行马克笔表现时，要了解马克笔室内空间表现的特点，以便熟练掌握其表现技法。

第1点：了解室内空间的属性，是住宅空间、商业空间、办公空间还是餐饮空间、娱乐空间。从设计的角度讲，每个空间的功能不同，其装饰、陈设渲染的氛围也不同，如住宅空间色调应偏黄，保持高雅、温馨；商业空间色调要高级，极具现代感。

第2点：从大关系入手，再慢慢刻画空间中的细节，遵循从整体到局部，从主要部分到次要部分的原则，保持画面整体性。

第3点：着色前要考虑质感，以及色彩受光照和环境影响后产生的变化，如金属、玻璃等反光强的材质，有镜面效果，受环境影响强烈。

第4点：同种质感的形体，空间摆放位置不同，其色彩变化也不同，可通过深浅、虚实变化来拉开远近前后关系。

第5点：马克笔着色的原则是固有色表现，即设计的质感是什么颜色就表现成什么颜色，可以有明度、纯度的变化，但受光面不能有冷暖变化，如形体本身是暖色，为了画面效果画成了冷色，这就是表现失真，就是没有把设计的本意表达出来，这样是不允许的。

4.3.2 马克笔室内空间表现步骤

马克笔室内空间表现，是一个大的空间关系的描绘，强调从整体出发、逐步深入，用颜色塑造空间形体。

扫码看视频！

第1步：从画面大关系入手，铺设基本色调，表现大的体块，起初不要过于拘泥于细节，颜色要概括而富有感染力。

第2步：强化画面明暗关系，增强画面对比度，加重暗面色调，强化结构线条，体现画面的主次关系。

第3步：全面深入画面层次关系，并进行最后的调整，突出画面重点，适当加入一些小细节来丰富画面效果。加重投影，使画面更加稳重，但是切忌涂得过死。同时要保证画面整体氛围不被破坏。

4.4 手绘表现图着色需要注意的几个问题

　　手绘表现图的着色是一个长期实践、积累经验并不断优化自己表现技法的过程。但是，在前期练习过程中，难免会遇到一些问题。

　　⊙ **画面脏乱**：虽然这一点无关设计者的能力高低，但是整洁的画面应该是手绘表现图的基本底线，画面脏乱会破坏看图者的心情，影响对设计的判断，所以，作为一名设计师，画图时务必保持画面整洁。

　　⊙ **色彩浑浊**：马克笔色彩种类丰富又难以调和，稍有选择笔号不准确或是叠加次数过多，就会导致画面沉闷、不透气，色相、明度过于接近，又会显得画面死板、没有变化，所以在画图前要熟练把握马克笔的特性，做到心中有数。

　　⊙ **材质模糊**：手绘表现图中，线稿、颜色的表现固然重要，而材质的真实表现也是增强画面效果的重要因素之一。材料的表现大多已经符号化，符号如果处理不当，就会影响对设计初衷的判断，所以准确地表达不同材质的特点是至关重要的。

　　⊙ **缺乏光感**：光感在画面中起着至关重要的作用，没有光，就看不到物体的存在。在室内空间表现中，只有在光的照射下，表现的物体才会立体、真实、颜色明快，如果光感弱，画面就会显得黯然失色、平淡无奇。

思考
与练习

　　1.彩铅的基础技法有哪些？并加以练习。
　　2.马克笔笔触的排列方式有哪些？并加以练习。
　　3.彩铅和马克笔如何综合运用？并在线稿上加以练习。

05

室内手绘常用材质表现技法训练

CHAPTER FIVE

- 了解木材质的纹理和色彩并掌握常用木材的表现技法
- 抓住砖、石特性并熟练其表现技法
- 了解金属材质的分类并掌握常用金属的表现技法
- 认识玻璃材质的特性及分类并掌握其表现技法
- 认识织物材质的特性并掌握其表现技法

5.1 木材质表现技法训练

木材质在环境装饰设计中是使用频率最高、使用量最大的。木材质的种类繁多，有原木、实木、木板和各类加工面板，常用于装饰室内的地面、天花、墙面，以及制成木质家具。

5.1.1 木材质的特性

木材质轻、干缩湿胀、易变形，具有一定的强度，但存在各向异性，其最明显的视觉特征是天然色泽和美丽的纹路。未抛光的原木，反光性比较弱，多纹理；抛光的木材，反光性强，固有色较多，有倒影的效果。

- 木材质的分类

第1类：按材质分为软木和硬木。

⊙ **软木**：由许多辐射排列的扁平细胞组成。细胞腔内往往含有树脂和单宁化合物，细胞内充满空气，因而软木一般都有颜色，质地轻软，富有弹性，不透水，不易受化学药品的作用，而且是电、热和声的不良导体。

⊙ **硬木**：质地坚实但生长缓慢，木质结构细密紧致，一般这样的木头都很沉。这些木材坚硬细密，色泽华丽，花纹优美，是做家具的上乘材料。由于硬木比较稀少，通常价格较高。

第2类：按树叶外观形状分为针叶树和阔叶树。

⊙ **针叶树**：树叶细长如针，树干通直高大，纹理直，多为常绿树；材质缩胀变形较小，强度较高，较耐腐蚀，质软，有的含树脂，故又称软材。针叶树常用于龙骨构件。

⊙ **阔叶树**：树叶宽大，树干通直部分一般比较短，大部分树种为落叶树；这类木材易翘曲、开裂，胀缩大，较难加工，质硬，故又称硬材。阔叶树适用于制作面板、装饰构件。

- 木材质的纹理与色彩

在手绘表现图中，木材质的纹理刻画一般分为树结状和平板状两种。

⊙ **树结状**：以一个树结开头，沿树结做螺旋放射状线条，线条从头至尾不间断。

⊙ **平板状**：线条弯曲折变而流畅，排列疏密变化节奏感强，在适当的地方做抖线描写。

木材质除了本身固有的颜色，与油漆等材料结合也可产生不同深浅、不同光泽的色彩效果，归纳如下。

⊙ **偏乳白色**：代表木材有橡木、银杏木。　⊙ **偏黄褐色**：代表木材有樟木、柚木。

⊙ **偏枣红色**：代表木材有红木。　⊙ **偏黑褐色**：代表木材有核桃木、紫檀木等。

5.1.2 木材质的表现技法实例分析

市面上的木质材料，多是与油漆或清漆结合的，都具有一定的反光能力。亮光漆木材，反光较强，亚光漆木材，反光一般，但无论反光强弱，都远不及镜面或玻璃，一般只是在材质的转折部位呈现少许的高光。对于木材的表现，纹理与质地应侧重于对光影与明暗的表现。

扫码看视频！

● 原木材质的表现技法

原木材质即原始天然木材，形状各异，花纹呈回纹状，颇具原始情趣。刻画时，用笔宜粗犷、潇洒。

第1步：勾画出木纹轮廓线，并点缀树纹使其略带起伏，木纹表现要含蓄，疏密得当。

第2步：上底色，给出基本色调，注意受光面与反光面的明暗深浅。

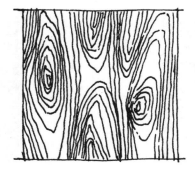 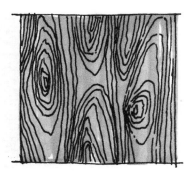

第3步：继续完善纹理表现，适当选择粗细笔头，用叠色，加重纹理线，增加木材质的凹凸感，并用深色马克笔画出木材的阴影线，衬出反光。

第4步：随原木切面起伏拉出光影线，切忌平涂，加入彩铅，增加材质的粗糙感。

- 实木材质的表现技法

实木材质是由若干原木胶粘组合而成的，颜色纯度相对偏低，花纹呈"V"字形。

第1步：勾画出"V"字形木纹轮廓线，下笔要轻，纹理排列变化得当。

第2步：用暖灰色马克笔铺上底色，再上基本色，以降低木材纯度。

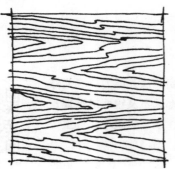

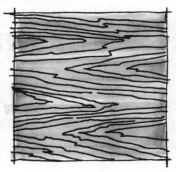

第3步：继续完善纹理表现，粗细笔头并用叠色，加重部分纹理凹槽处，颜色有深有浅，用深色马克笔画出木材的阴影线。

第4步：调节整体光影关系，并结合彩铅，突出质感。

● 木质面板的表现技法

　　常见的木质面板分为人造薄木贴面饰面板和天然木质单板贴面饰面板。两者的外观区别在于：前者的纹理基本为通直纹理或图案有规则；后者为天然木质花纹，纹理图案自然，变异性比较大、无规则。

第1步：勾画出通直有变化的纹理，注意疏密得当，在统一中寻找变化。

第2步：用干笔画出木纹的基本颜色和明暗变化，也可平置涂色，用两块色条搭接处理自然成纹路。

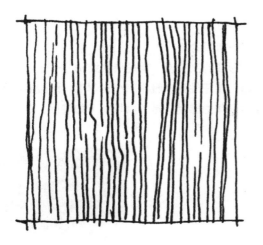

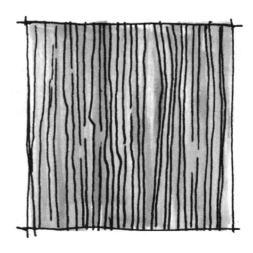

第3步：对纹理进行细节调整，加重纹理的凹凸变化，用深色马克笔画出木材的阴影线。

第4步：结合彩铅，使材质表现更加柔和、生动、自然。

5.2 砖、石材质表现技法训练

砖、石类材料在装饰工程中，用途广、使用量大，是极为重要的主材之一。砖、石类材料品种多样，形态规格丰富多彩，随产地不同，颜色和纹理常常会有差异。表现时，砖、石材质会出现大面积或局部精细的线型变化，因此，需要不同对待。

5.2.1 砖、石材质的特性

砖、石材质是室内设计中的常用材质之一，被广泛地应用在墙面、地面和柱子上。其种类繁多，纹理千变万化。下面从常用砖、石材质出发，总结归纳其特性。

● 常用砖、石材质

在室内表现中，我们常用的石材质特别多，下面列举一些常用的。

⊙ **大理石**：由石灰岩或白云岩经过地壳内部高温高压作用形成的变质岩，常是层状结构，有显著的结晶或斑纹条纹；属于中硬石材，其花色多样，色泽鲜艳，致密，抗压性强，吸水率小；耐磨、耐酸碱，耐腐蚀，不变形，易清洁，并能产生微弱的镜面效果，给人富丽豪华的感受，是公共场所（如客厅、走道等）常用的材料。

咖网纹大理石	汉白玉大理石	大花白大理石	比萨灰大理石

⊙ **花岗岩**：火山岩中分布最广的一种岩石，其质地较坚硬，构造致密，呈整体的均粒状结构，耐磨，属于硬石材，耐酸碱、耐腐蚀、耐高温、耐日晒、耐冰雪、耐久性好，一般的耐用年限是70~200年。经磨光处理后，花岗岩光洁如镜，质感丰富，有华丽高贵的装饰效果，是高级装饰工程中常用的材料。

欧雅米黄花岗岩	黑色花岗岩	红色花岗岩

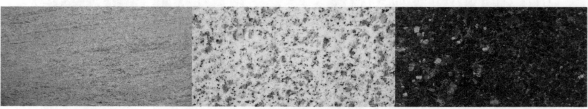

金丝段花岗岩	芝麻白花岗岩	黑色砂花岗岩

⊙ **人造石材**：模仿大理石、花岗岩的表面纹理加工而成，具有类似大理石、花岗岩的机理特点，色泽均匀、结构紧密，耐磨、耐水、耐寒、耐热。高质量的聚酯型人造石材的物理力学性能等于或优于天然大理石，但在色泽和纹理上不及天然石材美丽自然柔和。目前在装饰工程中，常用的人造石材品种主要有聚酯型人造石和水磨石。

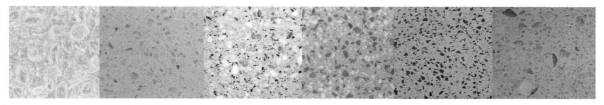

聚酯型人造石　　　　　　　　　　　　　　　　　水磨石

砖曾经只用于建筑结构围体，而今，也出现了各式各样的内外檐装饰砖、瓷砖、艺术砖等。

⊙ **釉面砖**：指砖表面烧有釉层的砖。这种砖分为两类:一类是用陶土烧制的;另一类是用瓷土烧制的。目前家庭装修约80%的购买者选此砖作为地面装饰材料。

⊙ **仿古砖**：多为橘红、陶红等色，表面不像其他地砖光滑平整，视觉效果有凹凸不平感，有很好的防滑性。仿古砖在进入家庭前，多用在咖啡厅、酒吧，古朴的风格与幽雅的环境相结合，独特的装饰效果深受年轻人喜爱。在铺设仿古砖时，最好使用两种不同的色系，将仿古砖铺成对称的菱形块，色彩对比性强，装饰效果明显。

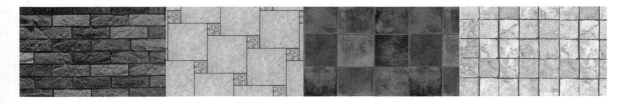

⊙ **陶瓷锦砖**：又名马赛克，色泽多样，质地坚实，经久耐用，能耐酸碱、耐火、耐磨，抗压力强，吸水率小，不渗水，易清洗，可用于工业与民用建筑的洁净车间、门厅、走廊、餐厅、厕所、浴室、工作间、化验室等处的地面和内墙面，也可作为高级建筑物的外墙饰面材料。

- 砖、石材质的特性

⊙ **石材的特性：**经过抛光的石材，质地坚硬，色彩沉着、稳重；表面光洁平滑，可以隐约反射出对面景物，高光较强；纹理自然变化，深浅交错，呈龟裂状或乱树权状，有的还有芝麻点花纹。参差不齐的石料，自然性强，经过砍削处理后，块面转折过渡清楚，表面粗糙反光消失；毛石，表面凹凸不平，体积感强。

⊙ **砖类材料的特性：**室内砖类材料一般规格大小统一、厚度均匀，地砖表面平整光滑、无气泡、无污点、无麻面、色彩鲜明、均匀有光泽、边角无缺陷、呈90度直角、不变形，花纹图案清晰，抗压性能好，不易坏损。

5.2.2 砖、石材质的表现技法实例分析

石材的表面有一定的反射光泽，表现时，要突出其自身的纹理特征。大理石纹理清晰漂亮，花岗岩颜色更深一些，毛石、蘑菇石有其明显的体积感，可以用黑白灰关系概括地处理石材的立体特征。

砖类材料表层很温和，反射光泽度很低，表现时，用色要足但要柔和。瓷砖类材料外部形态特征与石材接近，反射度会较强一些，一般有抛光、亚光、无光、仿古砖等。

扫码看视频！

- 大理石的表现技法

大理石表面附有各色网纹，绘制时应多画些细纹，可以结合彩铅表现。

第1步：用针管笔画出表面花纹，部分线条可断开。

第2步：选择合适色号的马克笔画出其固有色，中间颜色浅一些，然后用深色马克笔沿一侧画出大理石厚度。

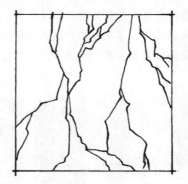

第3步：与深一层次的颜色相互配合，突出细纹，加深大理石石材效果，体现不同的层次，做渐变效果。

第4步：用彩铅以来回扫笔的方式，刻画网状纹理，注意光感的表现，高光部分可留白。

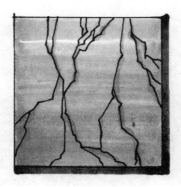

● 花岗岩的表现技法

花岗岩纹理较细，在表现时要注意其表面有细小的颗粒。

第1步：用折线勾勒几笔细线条来表现花岗岩的纹理，裂缝处用排线表示，然后用不规则的小圆表现花岗岩表面的颗粒感，注意小圆点的疏密关系。

第2步：绘制固有色，平铺石材表面，用笔要有轻重变化，中间适当留些白色缝隙，并用深色马克笔沿一侧画出花岗岩厚度。

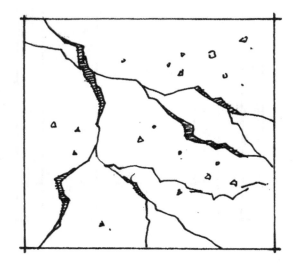

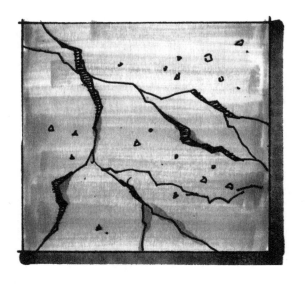

第3步：配合同色系马克笔画出质感光滑的石材效果，马克笔上色时要适当留白。

第4步：用彩铅在表面增加一些纹理和颗粒，突出石材质感。

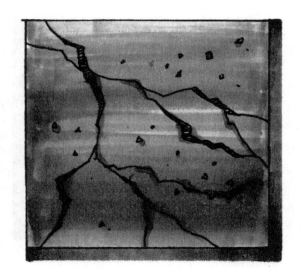

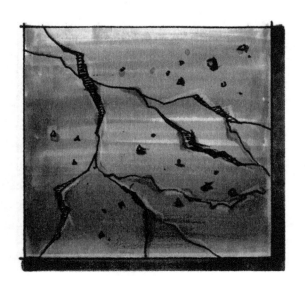

● 釉面砖墙的表现技法

釉面砖尺寸色彩均比较规范，表现时需注意整体色彩的纯净，可用整齐的笔触画出光影效果，近景刻画可拉出高光亮线。

第1步：画出砖墙的轮廓，用断线绘制砖墙接缝。

第2步：选择合适的色号绘制固有色，可以结合同色系笔画出砖与砖之间不同的层次，并加重砖缝隙。

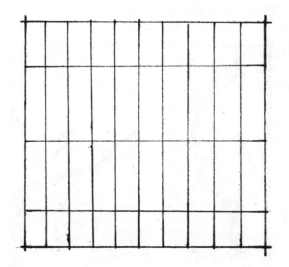

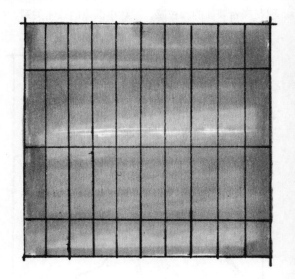

第3步：深入刻画砖的色彩，注意其反光效果的表达，可用马克笔在砖墙表面斜拉直线。

第4步：完善画面效果，用白色彩铅刻画高光，并用深色马克笔沿一侧画出釉面砖厚度。

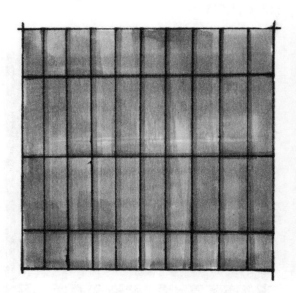

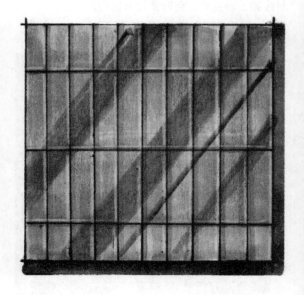

● 仿古砖的表现技法

仿古砖在视觉上有不平滑感，上色时用笔应相对粗犷，使其显得原始自然，富有情趣。

第1步：勾勒出砖的轮廓，用抖线绘制，预留出砖缝。

第2步：用马克笔画出其固有色，注意用笔要有轻重变化。

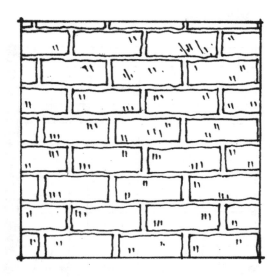

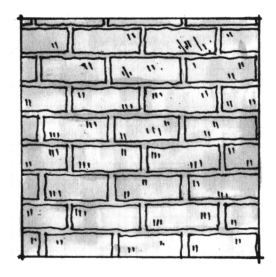

第3步：深入刻画仿古砖颜色效果，用深色马克笔绘制砖缝。砖与砖之间分凹凸缝两类，凸缝影子在缝灰之下，凹缝影子在缝灰之上。

第4步：调整画面效果，用彩铅绘制出粗糙质感，并用深色马克笔沿一侧画出仿古砖厚度。

● 陶瓷锦砖的表现技法

陶瓷锦砖色彩丰富，由若干个小方块拼贴而成，绘制时应注意颜色层次。

第1步：用针管笔勾画出砖的轮廓，可适当有断线。

第2步：用浅色型号马克笔平涂出固有色，注意用笔要有轻重变化，然后用深色马克笔沿一侧画出厚度。

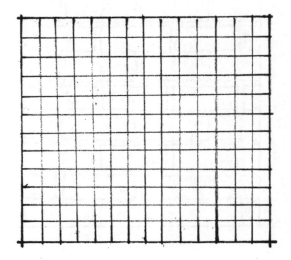

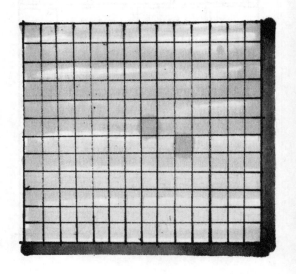

第3步：从整体大色块出发，配合同色系马克笔画出陶瓷锦砖每一小块的颜色层次，预留出白色缝隙。

第4步：完善画面，注意高光、反光的刻画，可用白色彩铅或是修改液表现。

5.3 金属材质表现技法训练

目前，室内外装饰中金属材料的使用十分普遍。它以其光辉的色彩、适中的力度、轻巧活泼的质感等特性表现了艺术魅力。与其他建筑材料相比，金属材料还能承受各种较大的载荷，能熔铸成各种制品或轧制成各种型材，在室内设计中应用广泛。

5.3.1 金属材质的特性

在现代装饰工程中，使用的金属材料品种繁多，有钢铁、铝、铜及彩色不锈钢装饰板等合金。它们的特点是使用寿命长、易加工、表现力强。这些特点是其他材料无法比拟的，由此赢得人们的喜爱并得到广泛的应用。下面从金属材质的种类和常用金属材质来总结归纳金属材质的特性。

● 金属材质的分类

根据外观特点，金属材质可分为抛光面金属和亚光面金属。

⊙ **抛光面金属**：光泽度强，表面会极高地反映周围的景物特征，色彩跳跃大，对比性强，如抛光不锈钢板、镀钛板、金属马赛克等。

⊙ **亚光面金属**：光泽度不高，反射环境不明显，色彩以固有色为主，如不锈钢法纹板、静电喷涂金属板、铝材型板、铝单板、铝塑板等。

● 常用金属材质

在室内外环境艺术设计中，常见的金属材料有不锈钢、铜材、铝合金。

⊙ **不锈钢**：表面平坦、硬朗，亮度接近镜面，感光和反射色彩十分明显，仅在受光与反射光之间略显本色，抛光不锈钢几乎全部反映环境色。不锈钢常用来包柱或制成边框。

⊙ **镀铜**：在室内外装饰中已被广泛运用，如楼梯的扶手、门把手、铜板饰面等。

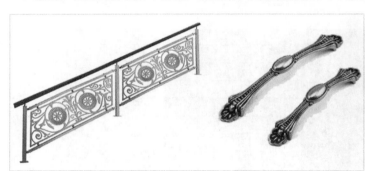

⊙ **铝合金**：质轻，易着色，颜色丰富，有较好的装饰性，在室内外装饰中用途广泛，如铝合金门窗、铝合金装饰板、铝合金龙骨等。

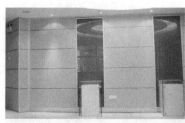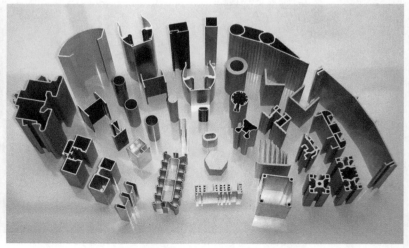

- 金属材质的特性

金属材质的基本形状为平板、球体、圆管和方管等。金属材质具有强度高、塑性好、材质细腻质密的特点，它闪亮的光泽、坚硬的质感使其表面的明暗和光影变化反差大，具有闪烁变幻的动感，经常是最亮的部分挨着最暗的部分，并有强烈的高光和暗影。在室内环境中，大面积的色彩反射到金属材质表面，使其本色显现减弱，环境色直接影响材料的主色调。表现时要抓住这些特点，充分展示金属材质的光彩照人、美观雅致。

5.3.2 金属材质的表现技法实例分析

虽然金属材质是非常多样的，但是通过观察与分析金属材质的特性，可以发现，其无非是纹理上的差别、污渍上的差别和高光上的差别。了解了这一点，绘制金属材质时就不会无从下手了。下面就通过具体实例来介绍金属材质的表现技法。

扫码看视频！

- 不锈钢的表现技法

不锈钢材质基本用环境色来表现，折射的部分颜色比较深；中间部分表现环境固有色；高光可以留白或调入光源色。

第1步：用针管笔画出不锈钢的大致轮廓，可用断线适当表示纹路。

第2步：用相应色号的马克笔适当地、概括地表现其基本色相，注意用笔的轻重变化，高光留白，并用深色马克笔画出其厚度，增加体积感。

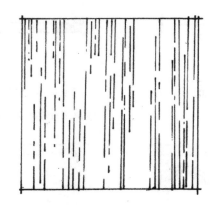
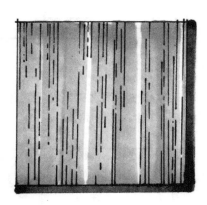

第3步：继续加重形体的暗部，可用宽窄不一的垂直线来表达，为了表现其硬度，最好借助尺子。

第4步：调整画面效果，增加环境色，提亮高光。

- 镀铜的表现技法

　　镀铜材质，除了表现其固有色外，还要注意反射出的环境色必须含有铜的固有色，高光色彩也带有黄色，不用过分强调环境色。亚光或没有抛光的铜材质，可以根据造型体积关系和色彩冷暖关系来表现。

第1步：勾勒出铜材质的造型轮廓，线条要轻柔、自然。

第2步：均匀涂画出其固有色，适当留出高光。

第3步：不同马克笔相互配合，加深材质的暗面，丰富材质的质感。

第4步：继续完善画面，用白色彩铅在受光边缘反复平涂，增强受光面。

● 铝塑板的表现技法

　　铝塑板的反射强度不高，受环境影响不大，表现时不需要用太多的对比色，可以用同色系中较灰的颜色区分明暗。

第1步：遵循透视关系，绘制出铝单板的轮廓，并用双线表现其厚度。

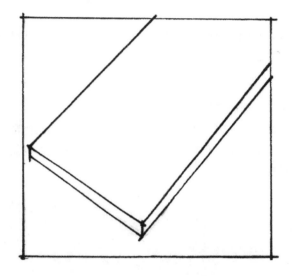

第2步：用马克笔画出其固有色，并用深色马克笔表达其投影。

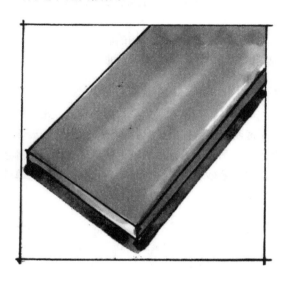

第3步：配合同色系中的灰色来区分明暗面，马克笔上色要平整，注意用笔轻重。

第4步：继续调整画面，高光可稍微提点灰白色。

5.4 玻璃材质表现技法训练

有人说，玻璃的出现沟通了室内与室外、空间与空间之间的界限，让家居设计发生了一次革命性的飞跃。而现在，技术进步赋予了玻璃这种古老材质更多的艺术性与功能性，使之不再仅仅局限于门窗，而被设计师运用于室内装修的各个角落。在现代装修中，玻璃的应用范围很广，从门窗、镜面、隔断再到家具甚至各种工艺品，都会用到玻璃。它们虽然都是玻璃，但是由于生产工艺不同，相互之间还有很大差别。

5.4.1 玻璃材质的特性

玻璃，一种无规则结构的非晶态固体，表面平整光滑，机械强度高，重量轻，易于加工，有良好的透视、透光性能，对光的反射也非常明显，但是其表面特征有透明与不透明的差别。

- 玻璃材质的分类

玻璃，是建筑和装饰中常用的材料。常见的玻璃有透明玻璃和反射玻璃两种。

⊙ **透明玻璃：**根据其颜色可分为无色透明玻璃、蓝色透明玻璃、灰色透明玻璃、黑色透明玻璃和茶色透明玻璃，另外还有磨砂玻璃。透明玻璃能进行颜色和透明度的改变，但其质密、不透气的质感是显而易见的。除了磨砂玻璃这种材质外，其他玻璃材质都具有很强的反光性。

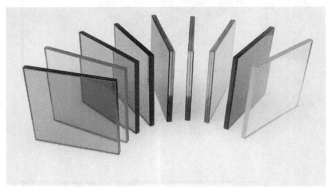

⊙ **反射玻璃：**即镜面，是在透明玻璃上加了银色涂层，呈照影效果，根据其反射程度可分为镜面玻璃和半镜面玻璃。反射玻璃表面光洁，反射能力强，质地细密，不透明，没有清晰的亮部划分，其色彩往往是透映背景。反射玻璃常镶以金属、塑料或木质的边框作为家具材料。

• 常见的玻璃材质

玻璃制品从建筑行业来说，有平板玻璃、钢化玻璃、夹层玻璃、中空玻璃、装饰性玻璃；从软装应用来说，有玻璃制品家具、玻璃制品摆件、玻璃器皿、玻璃灯具等。

⊙ **平板玻璃**：具有无与伦比的通透性与纯净性，是最普通、最常见的玻璃品种，也是许多玻璃深加工产品的原始素材，被广泛应用于建筑材料和许多光学仪器中。平板玻璃的缺点是易碎，不宜大面积、大块幅的使用。

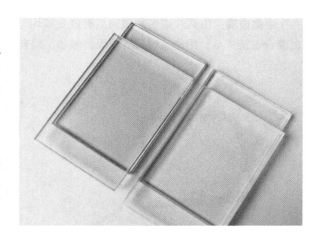

⊙ **钢化玻璃**：最受大众欢迎的是其破碎后的碎片安全性。它特殊的碎片形状，能保证其即使碎裂也不会产生尖锐碎片划伤人体，被广泛应用于室内隔断、幕墙。

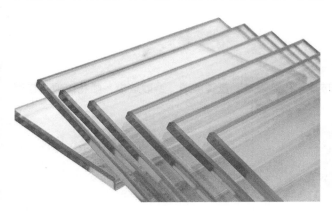

⊙ **夹层玻璃**：安全性很高，当遭外力冲击破坏后，只会产生裂纹，不会产生碎片散落，极大地增加了安全性与可靠性。同时，由于中间膜的存在，夹层玻璃还具有很好的隔音功能。

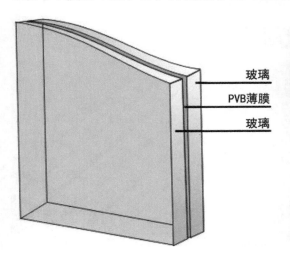

玻璃
PVB薄膜
玻璃

⊙ **中空玻璃**：由两片或多片玻璃以有效支撑均匀隔开并周边黏结密封，在玻璃层间注入干燥惰性气体的复合玻璃产品。中空玻璃具有保温、隔热、隔音的效果。

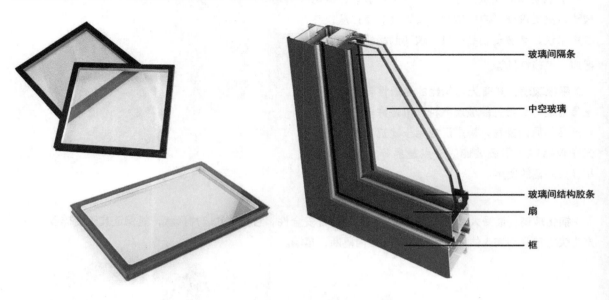

玻璃间隔条

中空玻璃

玻璃间结构胶条

扇

框

⊙ **装饰性玻璃**：玻璃的深加工产品，包括压花玻璃、热熔玻璃、压铸玻璃、磨砂玻璃、喷花玻璃、镜面玻璃、玻璃马赛克等。

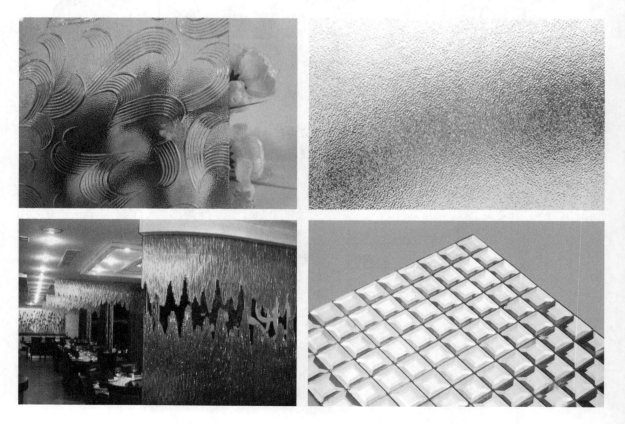

5.4.2 玻璃材质的表现技法实例分析

　　玻璃的种类不同，对应的画法也存在差异，这种差异主要体现在对光和影的描绘上，玻璃与镜面上的光影线应随空间形体的转折而变换倾斜方向和角度，并有宽窄、长短、虚实的节奏变化，同时也要注意保持反映景物的相对完整性。下面以透明玻璃和镜面玻璃为实例介绍其表现技法。

扫码看视频！

　　⊙ **透明玻璃**：可在画面中玻璃的部分罩上透明的淡蓝色，用干净利落的笔触落在玻璃的边缘，体现透明玻璃硬度高、透光强的特点。

　　⊙ **镜面玻璃**：在表现时，需在其固有色的基础上带上它背景色的环境影响。要保持镜面上的景物与前置物在形状、色彩、透视关系上的一致性，对镜面上的景物也要适当表现其光影效果。

　　第1步：根据一点透视的规律画出空间轮廓及陈设线稿。在表现透明玻璃外的景物时，可先忽略玻璃的存在，直接画好室外景物；镜面玻璃上反射的物体，应注意形状和透视关系上的一致性。

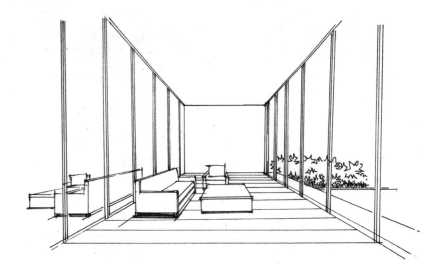

　　第2步：用马克笔表现各景物的固有色。注意保持镜面玻璃上的物体与前置物色彩的统一，对镜面上的景物也适当表现其光影效果。

第3步：把握大的明暗关系，继续深入刻画材质，着重表现玻璃质感。表现透明玻璃时可在无形的玻璃上依直尺画出表示反光的斜影，打破部分室内外景象，以示玻璃的存在。

第4步：调整画面，用白色彩铅或修改液提亮玻璃的高光。注意运笔速度要快，使干净利落的笔触落在平整光洁的玻璃表面。

5.5 织物材质表现技法训练

　　装饰织物通过色彩、造型、图案花纹、肌理等方面来实现对室内空间的改造和美化。在视觉和心理上，装饰织物能唤起亲切感和放松感。作为室内空间中可变的、流动的、充满情趣的活力要素之一，装饰织物越来越多地受到人们广泛的关注与应用。作为人们生活中不可或缺的必需品，现代装饰织物以其独特的柔软性、装饰性、实用性，以及与丰富多彩的图案色彩有机组合。使室内空间更富有情趣，能够给人以温暖、舒适、美观的感觉，具有调节环境氛围、划分与联系空间，以及装饰空间的作用。

5.5.1 织物材质的特性

　　织物材质具有色彩丰富、款式多样、质地柔软、富有弹性等特点，会对室内的陈设、光线、质感及色彩产生直接的影响，能够营造温暖、亲切、柔和的氛围，烘托室内的艺术气氛，增强艺术个性，给人以艺术陶冶和享受，对现代室内装饰起到锦上添花的作用。

- 织物材质的分类

　　织物材质按用途可分为床上铺饰、隔帘遮饰、家具蒙饰、陈设装饰、卫生餐饰五大类。

　⊙ **床上铺饰**：包括床单、床罩、被褥、毛毯、床围、枕套等。

⊙ **隔帘遮饰：**包括窗帘、门帘、隔帘、帷帐、帷幔、屏风等。

⊙ **家具蒙饰：**包括沙发罩、椅罩、靠垫、台布、电器罩等。

⊙ **陈设装饰**：包括地毯、墙布、灯罩、布艺欣赏品等。

⊙ **卫生餐饰**：包括毛巾、浴巾、浴帘、餐巾、餐垫等。

● 织物材质的特性

⊙ **质感特性**：人类通过触觉和视觉系统感受织物，形成了生理和心理上的综合感受，以及不同的质感。丝绸等反光材料，其表面光滑、不透明、受光后明暗对比强烈，给人以生动、活泼的感觉；漫反射织物材料通常不透明，表面粗糙，为无光或亚光，如棉布、毛呢等，这类材料则以反映自身材料特性为主，给人以质朴、柔和、平稳的感觉。

⊙ **色彩特性**：织物材料的色彩与材质相互衬托，相互促进，能够产生非常理想的视觉效果。例如，紫色的天鹅绒具有华贵、富丽的质感，在明度较高的木质材料映衬下，更能产生强烈的视觉张力，表现出动人的效果。织物材料染色方便，色彩丰富，与其他材料相比，具有明显的优势。

⊙ **工艺特性**：织物材料的触觉感与材料表面组织构造有关，决定织物表面组织构造的因素包括生产工艺和表面加工技术。织物在编织过程中，因采用的工艺不同，表面产生的视觉质感和触觉质感也会不同。

⊙ **肌理特性**：肌理是材料表面的组织构造，是织物材料的外观表现形式之一。肌理有触觉肌理和视觉肌理之分。当人们用手去触摸毛呢、亚麻、棉布、丝绸等材料时，会对材料质地产生不同粗细程度的感觉。一般情况下质地粗糙的材料给人以朴实、自然、亲切、温暖的感觉；质地细腻的材料给人以高贵、冷酷、华丽、活泼的感觉。同类表面状态的材料，由于材质的不同，给人的感受也不尽相同。表面粗糙的材料，如毛绒和毛呢，前者触感柔软、富有人情味；后者质朴、厚重。表面光滑细腻的织物材料，如丝绸和反光布，也存在软硬、轻重等感觉差异。

5.5.2 织物材质的表现技法实例分析

织物能够使空间氛围亲切、自然，画面可运用轻松活泼的线条表现其柔软的质感。织物柔软，没有具体形状，表现时应注意不要画得过于平面，应着重表现其体积感和柔软质地。

扫码看视频！

● 抱枕的表现技法

在表现抱枕时要注意其明暗变化以及体积厚度，只有有了厚度，才能画出物体的体积感。同时牢记线条不能过于僵硬，注意整体的形体、体积感和光影关系。

第1步：将抱枕理解为简单的几何形体，用短直线画出抱枕的轮廓，可勾勒几笔花纹，线条可断开，并用排线画出保证的阴影，突出体积感。

第2步：用马克笔画出抱枕的固有色，运笔跟随形体走。

第3步：加深抱枕暗部及投影颜色，注意保持其透气性，不要画得太死。

第4步：调整画面关系，用彩铅柔化抱枕边缘，完成绘制。

● 窗帘的表现技法

在表现窗帘时要保持线条的流畅，向下的动态要自然，要注意转折、缠绕和穿插的关系。

第1步：用针管笔画出窗帘线稿，画线时，用笔要轻，线条可适当断开，体现其柔软质感。

第2步：用马克笔以扫笔的方式绘制窗帘固有色。

第3步：加深窗帘颜色，然后用同一支笔加深窗帘褶皱，切忌平铺涂画。

第4步：加强明暗关系，然后用彩铅刻画细节，突出窗帘的褶皱感。

● 花纹桌布的表现技法

　　桌布，顾名思义，是桌子上的装饰物。桌子有透视关系，同样，上面的配饰也有透视关系。表现时，要注意其近大远小的透视关系，同时，要刻画垂落的下摆，显现出层次关系。布艺上的花纹，刻画时，要注意转折、穿插、遮挡关系，控制好整体的层次和虚实，把握好整体的素描关系。质感偏硬的布料，边缘线条相对较直，有锐利的转折；质感偏软的布料，边缘过渡柔和，没有锐利的转折，褶皱也比较柔和。

　　第1步：确定光源和布料的受力情况，根据透视关系画出桌布的大体形状和桌上各物品的轮廓。控制好线条并画出整体结构走向和布艺花纹。

　　第2步：用马克笔给桌布及桌上物品上色，刻画布艺大色调和花纹样式。注意其转折、遮挡关系。

　　第3步：细化质地，注意明暗的处理，马克笔运笔也要按照透视走向来进行。加重暗部，深色部位可多涂抹几次，注意表现花纹的穿插、遮挡。

　　第4步：调整画面，注意光影的塑造。用彩铅细化花纹，柔化布艺褶皱。

5.6　综合实例分析

　　手绘表现技法必须遵守准确传达信息的原则。因为效果图的功能不仅是一般的设计记录，更重要的是向他人传达设计思想。要做到这一点，材料的质感是不可忽视的重要内容。

　　室内装饰材料的种类繁多，性质丰富，质感多样，形成了效果各异的色彩视觉与情感效应，不同性质的材料在室内设计中的应用会产生不同的效果。相同的材料用于不同的环境，或者不同的材料用于相同的环境也会产生不同的效果，而不同材料的组合更能形成丰富的艺术设计效果。

　　无论何种材质，都要结合光影关系进行表现，遵循受光原则，这样绘制出的物体立体感会加强。如图一，是对材质的光影表现，通过明度的变化及不同的笔触，表现不同质感的材料。同时，还要把材质放在环境中表现，在抓住每种材质各自属性的基础上加入环境色，以营造协调统一的画面效果。如图二，是对材质的环境色表现，反光强的桌面会受到桌上所摆放物体的颜色影响而呈现丰富的色彩，并且各物体之间也会有不同程度的环境色影响。

图一

图二

思考与练习

　　1.木材质的纹理和色彩有几种分类？用手绘的形式加以表现。

　　2.金属材质的特性是什么？徒手表现大理石和花岗岩。

　　3.练习表现砖石、玻璃及织物材质，总结其中要点。

06

室内手绘表现图局部着色技法训练

CHAPTER SIX

- 熟练掌握室内陈设单体的着色技法,包括家具、灯具、装饰品、室内盆栽
- 结合各表现技法,熟练运用陈设单体的着色技法
- 认识人物的特点并熟练掌握其着色表现技法
- 掌握室内平立面的上色步骤及表现技巧

6.1 室内陈设单体着色技法训练

　　室内陈设单体是室内空间的重要组成部分，也是手绘表现的重点和难点，室内陈设单体绘制得好坏直接影响室内空间表现的效果。室内陈设单体大致包括家具、灯具、装饰品、盆栽4大类，它们各自具有完整的造型和不同的质感，绘制时要仔细观察，并对形体进行分析和理解，掌握形体的结构关系，以便于用色彩准确而形象地将形体表现出来。

6.1.1 室内家具着色技法训练

　　家具是室内环境的一个重要组成部分，是构成室内环境的使用功能与视觉美感的最关键因素之一。室内空间家具类的着色表现是在遵循透视原则的基础上，掌握家具的造型和透视规律，有助于对其单独进行色彩造型训练。

扫码看视频！

● 家具的着色技巧

　　在进行着色训练时，要注意以下技巧。

　　第1点：家具单体着色运笔要果断，处理好色彩的渐变与过渡。

　　第2点：可以主观设定光源，先用浅色调渲染家具，受光面基本留白，着色先从暗面开始，用深色来获得明暗渐变，产生阴影和高光。

　　第3点：通过用笔方向、快慢及色彩重叠的次数体现光影变化；也可以先用灰色系画出明暗关系，再加入固有色。

　　第4点：写生练习中，应注意观察家具在不同环境及光线照射下，家具上的亮面、暗面及投影的色彩变化。

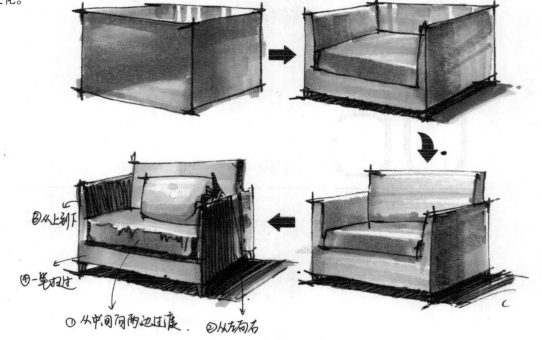

● 家具着色的实例分析

首先，我们来学习床的着色方法。

第1步：用浅色马克笔画床的结构，并将固有色涂画一遍，注意留白，不要画得太满。

第2步：跟随形体转折对床体深入刻画，画亮面时，以扫笔的方式一笔带过，否则停留时间过长，颜色会加重。

第3步：结合彩铅、修正液调整画面，完善细节。

Tips

　　画寝具如同画组合家具一样，重在对结构、比例、体量的表现，其着色的深入刻画主要是强调色彩的冷暖搭配，颜色的明暗对比和画面整体的虚实变化。

　　1. 把握家具的主体色调，应用灵活多变的笔触，把空间的主体色调和明暗关系表现出来，这个过程中，注意画面的留白，考虑色彩叠加后产生的画面变化。

　　2. 注意柔软质感的表达，用笔尽量轻松自然，切忌反复涂抹，避免出现脏乱现象。

　　3. 暗面适当加入环境色，确保画面协调统一。

● 家具着色的实例分析

　　沙发是最常见的室内家具，请务必掌握沙发的着色技巧。

　　第1步：在画好的线稿上绘制沙发的固有色，软性材质用平涂的笔触表现，硬性材质用扫笔的笔触表现，并用深灰色马克笔画出沙发投影。

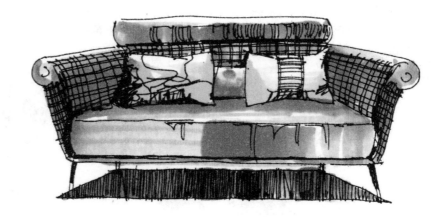

　　第2步：选用同色系马克笔反复涂抹、加重暗部，不断丰富画面的色彩。

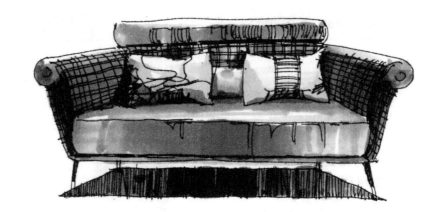

　　第3步：使用彩铅和白色高光笔不断调整画面的颜色。

茶几是休息室、客厅比较常用的家具，下面介绍其着色方法。

第1步：在已画好的线稿上用马克笔画出茶几及其摆放物的固有色和投影。考虑好留白的位置，亮部的留白最多，灰面其次，暗部最少或者不留白。

第2步：用大面积涂抹的方式加深茶几的明暗关系，进一步刻画茶几的暗面和摆放物的颜色，丰富色彩的关系。

第3步：调整画面细节，使用彩铅柔化画面，并用高光笔画出茶几边缘的留白，注意不要超出黑色的轮廓线。

下面我们来学习洗手盆的着色方法。

第1步：在已有的线稿上用马克笔画出洗手盆、台面和镜子的固有色及投影，暗部用同一只笔反复涂抹，以增加明暗的初步对比。

第2步：用同色系中灰色马克笔画出过渡色，然后用深灰色马克笔适当增加台面的暗部颜色，丰富画面明暗、色彩关系。

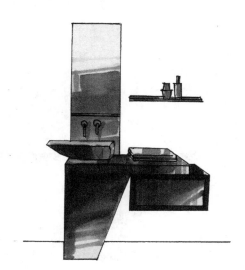

第3步：用彩铅继续完善细节。用高光笔画出水花的效果，并用尺规辅助绘制台面的高光。

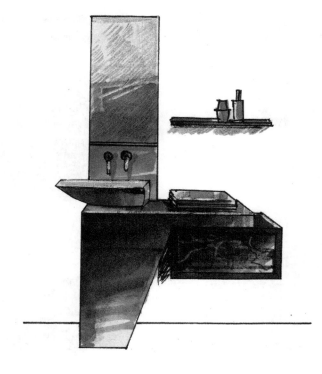

● 家具着色表现图

6.1.2 室内灯具着色技法训练

　　灯具、灯光在室内设计效果图的表现中可以直接影响整个设计的格调，它主要借助明暗对比关系突出画面效果。不同材料的灯具有不同的色彩和质感，在进行环境效果图表现渲染时，应当将灯具光、色和材料特征予以恰当表达。

扫码看视频！

- 灯具的着色技巧

　　在进行灯具着色时，要注意以下技巧。

　　第1点：重点灯光的背景处理色彩对比相对较强，以产生强烈的对比作用。

　　第2点：有花纹的灯具，根据受光原因，花纹要深浅有致，刻画线条要注意虚实关系。

　　第3点：定位灯具投影，运笔要稳且快捷；正顶光影子由于受到光照影响，投影可用同类色加深来表现。

- 灯具着色的实例分析

　　下面对吊灯着色进行实例分析。

　　第1步：在画好的线稿上用马克笔绘制灯罩的固有色，注意灯罩的受光要留白，不用画得太满。

　　第2步：用同色系马克笔加重灯具的明暗交界线，利用N字形线条向亮面过渡，画出体积感。

第3步：用彩铅柔和圆弧灯罩面，并用高光笔
画出灯罩的高光部分，强化灯具的金属质感。

Tips

灯饰形态各异，造型多变，记住几种常见的表达方
式即可，重点把握基本的透视关系，保证画面的对称。

1. 灯具的对称性和灯罩的透视表达尤为重要，
在着色表现时要做到笔随形转。吊灯要注意灯罩的前
后穿插关系。

2. 注意材料质感的表达，反射强的玻璃灯罩明
暗对比关系强，马克笔表现颜色对比明显。

3. 高光的表现要干净利落，必要时可以借助尺子。

● 灯具着色的实例分析

下面对台灯着色进行实例分析。

第1步：设置光源为灯罩，
按照顶部受光规律用浅灰色马克
笔画出灯身的明暗关系，暗面可
以反复涂抹，以突显体积感。

第2步：用黄色马克笔
为灯罩上色，并用黄色彩铅
为灯身亮部着色，体现暖色
灯光造成的色彩影响。

第3步：继续调整台灯的明暗关
系，适当增加背景，体现灯光氛围。用
彩铅做好渐变过渡，也可勾勒花纹，用
修正液提亮高光以及完善边缘轮廓。

● 灯具着色表现图

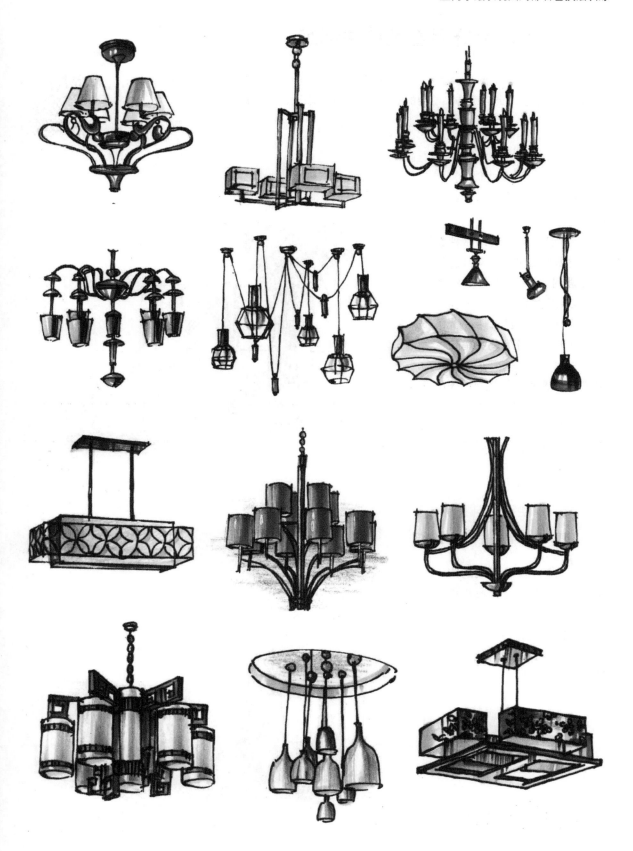

6.1.3 室内装饰品着色技法训练

在室内着色表现图中，装饰品往往被人们忽略。陈设装饰品能提升画面的艺术品位和艺术美感。因此，装饰品着色的好与坏，对室内表现图产生直接影响。

扫码看视频！

● 装饰品的着色技巧

在进行饰品着色时，要注意以下技巧。

第1点：室内装饰品种类繁多，材质丰富多样。对其进行着色处理时，要尽量做到着笔不多，但又能体现其质感和韵味。

第2点：对陶瓷制品的光滑质感表现时，要注意马克笔上色时采用平涂的笔触，并用同类色马克笔在其表面斜向绘制，突出其反光质感。

第3点：画小饰品一定要注意对细节的刻画，细节是饰品的情趣之处。

● 装饰品着色的实例分析

下面对陶罐着色进行实例分析。

第1步：在已完成的陶罐和干枝等的线稿上画出固有色和投影。根据光源位置，在高光处留白，用同一支笔反复涂抹加重对比，完成初步暗部绘制。

第2步：用同色系马克笔绘制过渡色，在颜色未干之前，选用纯度较低的蓝紫色给陶罐增加环境色，丰富色彩变化，加强明暗转折关系。

第3步：用彩铅完善细节，使颜色过渡更加自然，并在投影与陶罐底部边缘的轮廓交界处增加白色的收边线，用以区分投影和陶罐的暗部。

下面对书籍着色进行实例分析。

第1步：选择一些较亮丽的色彩给书籍绘制固有色。由于书籍体积较小，绘制时不要犹豫，要一笔扫过。

第2步：用同一支马克笔反复涂抹加深交错书籍之间的连接处，制造投影的感觉，并用深灰色马克笔画出书籍的投影和书壳的颜色。

第3步：再次增加暗部的色彩，继续刻画书页的颜色，并用同色系彩铅平涂，完善细节。

● 装饰品着色表现图

6.1.4 室内盆栽着色技法训练

　　室内盆栽的表现一直以来都是手绘表现图中不可或缺的表现内容，即使没有其他配景，也要配以盆栽花卉，这皆因其姿态、颜色都充满一种活力，又特别适合补充或调整构图。室内设计中榕树盆景、蒲葵、芭蕉、君子兰、雪松等是最为多用的品种。

扫码看视频！

- 盆栽的着色技巧

　　在进行盆栽着色时，要注意以下技巧。

　　第1点：植物叶子大部分是绿色的，花的颜色有多种，在手绘表现中要注意颜色搭配，对比色活泼跳跃，有视觉冲击力，近似色和谐舒服。

　　第2点：表现时要注意观察树形、树叶的生长特征及规律，合理概括树冠的组团特征。至于绿叶，处于近景和外轮廓部位的，可以适当描绘得清晰一些，以便增加图面的活力。整个形体中要留有空白，就是要有透气的感觉。

　　第3点：盆栽是作为点缀物出现在画面中的，颜色宁少勿多，尽量少叠加上色，一次性完成，一般3~4色就足够了。

- 盆栽着色的实例分析

　　下面对盆栽着色进行实例分析。

　　第1步：用马克笔沿着叶子的形状将其固有色画出来，注意要适当留白，并用灰色马克笔画出其投影。

　　第2步：继续绘制枝条，从浅到深绘制出体积感，然后把花盆也初步表现出来。

　　第3步：完善画面关系，可以用亮色的马克笔点缀小花并提亮高光。如果属于大叶观叶植物，用彩铅过渡叶面，亮面为偏黄绿色。

● 盆栽着色表现图

6.2 人物着色技法训练

在室内效果图表现中需要点缀人物以显示空间的尺度和气氛，起到补充调整颜色、提示主体情节、丰富画面效果的作用。人物的表现可以根据画面的需要，采取写实性或者象征性的图案造型来描绘。

6.2.1 人物的着色技巧

在进行人物着色时，要注意以下技巧。

第1点：室内环境空间相对较小，人物的动态要符合环境空间功能气氛的需要，同时要做好远近关系的处理，往往不可喧宾夺主。

第2点：人物体量较小，色彩宜概括。近景人物可以表现得细腻些，中远景人物可以只表现一个颜色。

第3点：人物着装颜色以亮色为多，这样作为点缀能丰富画面色彩关系，烘托空间氛围。

第4点：如果画面不需要对配景进行特别的强调，可以简单地平涂颜色，或者只画出大致轮廓。

6.2.2 人物着色的实例分析

下面对人物着色进行分析。

扫码看视频！

第1步：在画好的人物线稿中，根据人物的年龄、性别不同，选择服饰的不同颜色，用马克笔平涂服饰的亮部颜色，并用灰色马克笔画出人物的影子。

第2步：根据人物的比例结构，用深色马克笔画出人物的暗部颜色增加光影效果。强调人物的服饰和发型，使人物姿态更加生动。

第3步：用彩铅过渡服饰转折面，在受光面提亮高光。

6.2.3 人物着色表现图

6.3 室内平面图与立面图着色技法训练

马克笔的着色练习，最终目的就是服务于设计图的表现，由于马克笔具有快速出效果的特点，更有利于设计师创意构思的表达，而且色块对比强烈，具有很强的形式感。接下来就对室内的平面图、立面图进行着色训练。

6.3.1 室内平面图着色技法训练

在室内平面图着色表现中，家具和铺装的着色表现最为复杂，同时这也是画好一张平面表现图的前提，所以在画之前必须了解平面图例的不同表现方法。不同的材质和色彩搭配，产生的效果也不尽相同，表现时应该加以区分。

扫码看视频！

- 室内平面图的着色技巧

第1点：平面图手绘是设计师在安排功能的区分以及整体构思过程的体现，马克笔着色是为了丰富整个画面的视觉效果，不必花太多的时间抠细节，重点对图中的家具、电器、盆栽等进行深入，尤其是对物体材质的表现更到位。

第2点：物体的投影部分不容忽视，投影的刻画能够衬托物体、突显空间层次。

第3点：马克笔运笔要体现轻重、粗细变化，以免使画面显得呆板或平淡。

- 室内平面图着色的实例分析

下面对平面图着色进行分析。

第1步：用较浅的马克笔绘制家具及铺装的固有色。铺装的不同材质选用不同的色系进行区分，马桶、抱枕等小物件可以先留白。平涂时注意用笔轻重、深浅变化，遇到有家具的地方，铺装可以稍微画重一些。

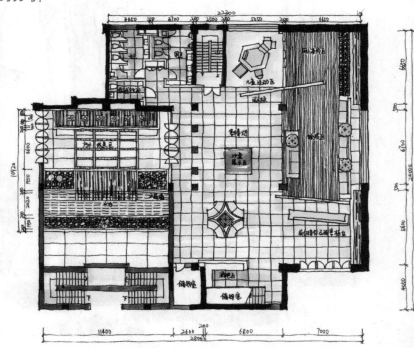

第2步：继续深入刻画材料质感。用深灰色马克笔加重铺装的背光部分，注意画得不要太满，零星点缀一些色块即可；搭配合适的颜色绘制家具，一般软性材质选择暖色为多。

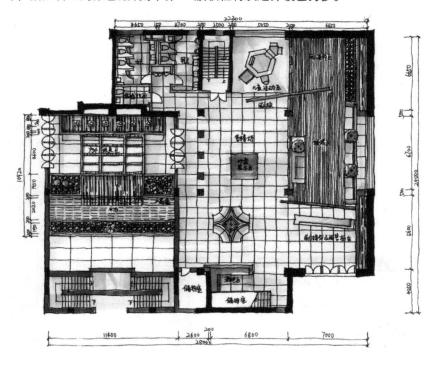

第3步：完善整体色调，用彩铅继续刻画空间、材质的细节，增加画面的细腻感。为铺装的局部刻画花纹，用针管笔加重部分家具的边缘线，并提亮高光。

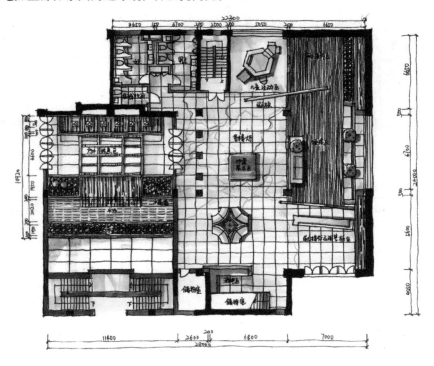

● 室内平面着色表现图

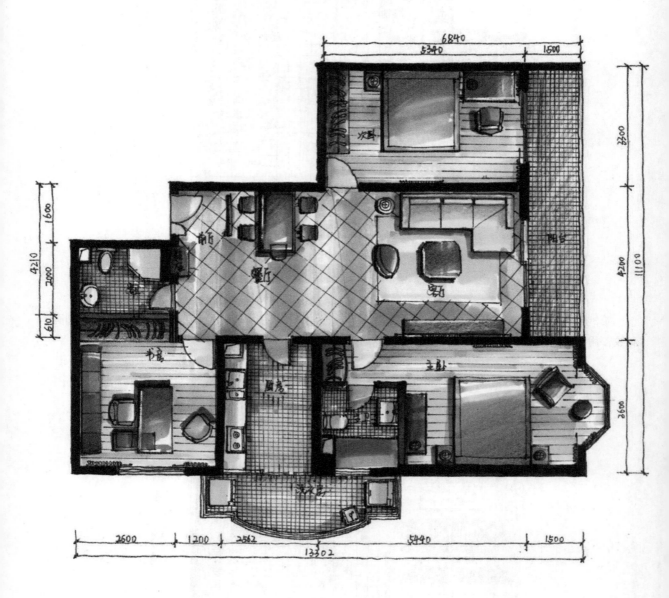

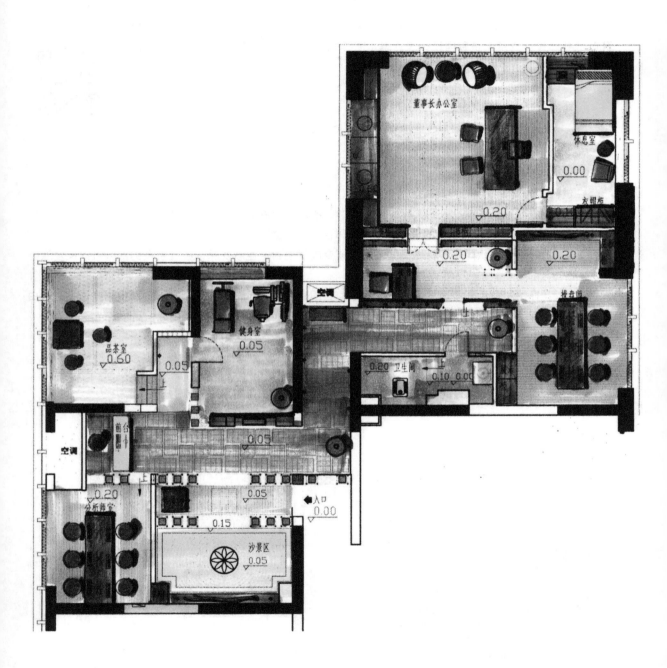

6.3.2 室内立面图着色技法训练

在马克笔手绘表现图中，立面的表现应用比较广，且容易出效果，它和平面设计图一样，也能传达设计师的整体设计立意，是室内设计表达基本图样之一。室内立面图的表现主要反映立面的造型、材质搭配及色彩运用。

扫码看视频！

● 室内立面图着色技巧

在进行室内立面着色时，要注意以下技巧。

第1点：立面图最终要投入到实际的施工当中，所以要求我们对立面的尺寸和装饰结构表达必须准确到位。设计师可以根据标注材料的说明，搭配整体色彩，尽量写实，也可以适当夸张。

第2点：对于大面积同一种材质，颜色深浅渐变应从上到下逐渐变深，接近家具的部分可以反复涂画几次。

第3点：在绘制白色乳胶漆饰面墙体时，即使其固有色为白色，也不要全部留白。根据光影关系，白色墙面也有色彩关系。一般墙面上有暖色的装饰时，白色墙面用冷灰色绘制；反之，用暖灰色绘制。

● 室内立面图着色的实例分析

第1步：用马克笔给画好的立面线稿上固有色。注意各种材质、颜色的冷暖搭配。

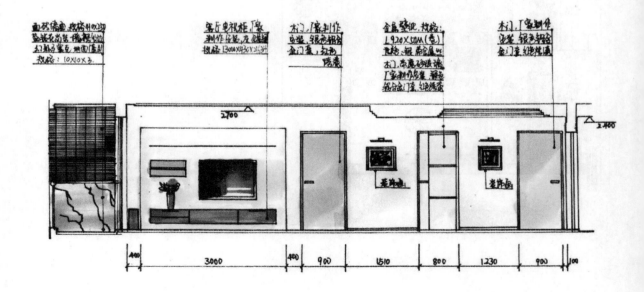

第2步：深入刻画光影和明暗。用同类色中深一号颜色的马克笔加重立面底部的颜色，并用深灰色绘制家具陈设的投影。

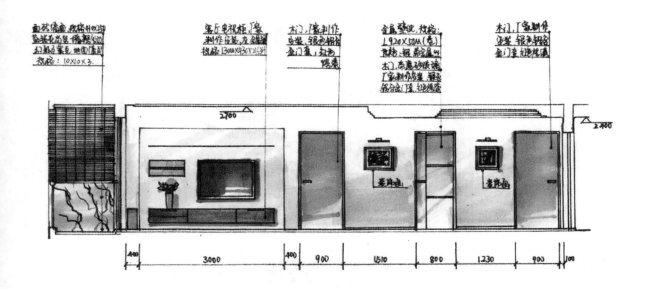

第3步：调整画面关系。用彩铅绘制细节，继续完善各种材质的刻画，加重暗部及投影，并用修改液提亮高光。

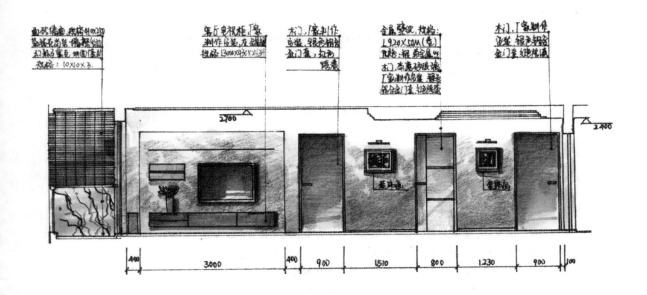

• 室内立面着色表现图

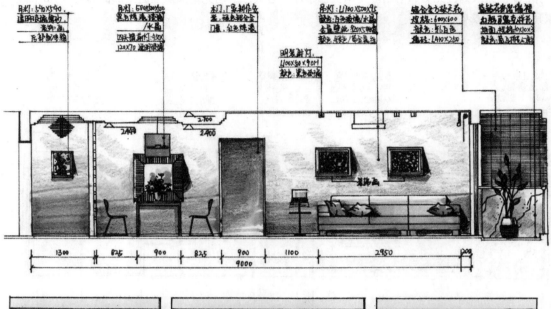

Tips

在进行着色时，一般有3种方法，大家可以根据设计需求，选择适合的方法进行着色。

第1种：采用适当的方法进行着色。先铺垫物体的主体色调，在刻画其他颜色。刻画其他颜色时，先上暗面的颜色，然后根据画面效果向明暗两面补色。

第2种：参考其他图片的色彩进行着色，使画面融入更多的主观色彩。

第3种：以默写的形式进行着色，培养自己独立处理画面的能力。

思考与练习

1.家具单体、装饰品、盆栽着色注意点有哪些？分别绘制五张单体着色表现图。

2.搜集不同款式的灯具，绘制其着色表现图。

3.默写三组近景、中景、远景的人物，并对其进行着色表现。

4.着色方法有几种？分别用对应的方法完成一张单体表现图。

07

室内空间着色表现图技法训练

CHAPTER SEVEN

- 了解住宅空间典型特征，掌握卧室、客厅、卫生间的表现技法
- 认识商业空间的表现要点，掌握酒店大堂、服装店、专卖店的画法
- 认识休闲空间的表现要点，掌握咖啡厅、酒吧的表现技法
- 了解办公空间的典型特征，掌握办公室、会议室的表现技法

7.1 住宅空间着色表现图技法训练

住宅空间设计是住宅建筑设计的一部分，是对建筑设计的补充和完善，内容主要包括平面布置、空间组织、界面处理、照明的运用以及室内家具、织物、装饰品、植物的陈设等。相对而言，住宅空间是大家比较熟悉也是最容易掌握的空间类型。住宅空间是指可供居住者睡眠、团聚、会客、休闲、视听、用餐和学习等居住的功能空间，如卧室、客厅、餐厅、书房、卫生间等。本节就通过客厅、卧室、卫生间的着色实例训练加深读者对住宅空间的理解。

7.1.1 住宅空间的表现要点

在进行住宅空间的表现时，要注意以下3点。

第1点：住宅空间以家具陈设物体为主，要求物体自身各面的明暗关系以及物体与物体之间的明暗关系处理得当，画面色调协调统一。

第2点：单个物体受光不同，明暗关系也不同。处于整体空间环境中，多个物体也存在明暗、色彩变化，要求在变化中把握整体，控制统一性是一幅优秀作品的关键。

第3点：理解、运用空间透视知识，把握好家具陈设的搭配与表现，以及色彩色调的控制等。

7.1.2 住宅空间着色表现图的实例训练

住宅空间室内设计要在整体构思的基础上满足人们使用功能和精神功能的需求，做到布局合理、重点突出，充分利用空间；在色彩和材质的运用上要注意与整体的风格和形式协调统一。 住宅空间功能多样，每个人都有不同的表达方式和技巧，无论以何种方式表达，排在首位的都是准确的透视关系、合理的空间安排，气氛的烘托、材质的表达以及装饰品的点缀排在第二位。

● 客厅的着色表现步骤

客厅是住宅空间中进行会客、交流的场所，主要表现物品有沙发、茶几、沙发背景墙以及各种装饰品和影音设备。在绘制时，可以通过光感的表达渲染陈设品，要注意光影的统一，突出设计风格，表达设计主题。

扫码看视频！

第1步：用灰色马克笔确定地面的色调及画面明暗。注意近景用笔要利落，可留有笔触感，同时强调近实远虚的层次。

168

第2步：选用暖木色马克笔铺设家具的固有色和背景造型。同种木材在空间中要有远近对比关系，一般为近暖远冷，以此拉伸画面透视感。

第3步：给空间中的玻璃和电视屏幕加入冷色调，与大面积的木色形成冷暖对比。注意每表现一个层次，都要保证画面的黑白灰关系。

第4步：深入调整画面的色彩、冷暖、明暗、虚实变化关系。运用马克笔与彩铅结合的手法处理画面的重点和细节，其中部分形体可以留白，有些颜色不用一次性涂满，在画一些鲜艳颜色时要谨慎，尽量一步到位。

● 卧室的着色表现步骤

卧室的主要功能是满足休息、睡眠，床、床头柜、床头灯、窗帘等既是必备家具，也是主要表现对象，在手绘时，要分清主次。卧室的表现要以暖色为主，用线要轻松、柔软，给人营造舒适、安逸的感觉。

扫码看视频！

第1步：选用红棕色马克笔画出大面积的地板颜色，并给其他陈设物进行初步上色。调整好马克笔的运笔变化，按照一点斜透视的灭点方向进行直线平铺。

第2步：协调处理冷暖关系，将窗帘处理成蓝色调，使整个画面有一个明显的冷暖对比，并用马克笔交代清楚基本的明暗关系。

第3步：进一步画出家具的固有色和明暗关系。注意马克笔工具的特点和用笔方法，亮面不宜重复扫笔，表现出淡淡的色相即可，暗面避免不透气。

第4步：继续深入刻画物体的色彩、形态、结构。用灰色马克笔加强暗部，深化形体的投影，用彩铅柔和色彩的渐变过渡，用修改液和针管笔画出受光面和轮廓线。

● 卫生间的着色表现步骤

　　卫生间是家中最隐秘的地方，精心对待卫生间，就是精心捍卫自己和家人的健康与舒适。它是供居住者进行便溺、洗浴、盥洗等活动的空间，浴室或浴缸、马桶或便池、面盆、镜子、卫生纸架等是必备的卫生用品。卫生间颜色搭配简单干净，材料质感光滑平整，绘制时用笔要流畅、大气，用色要简洁、概括。

扫码看视频！

　　第1步：初步绘制界面固有色以稳定整个画面。注意颜色要有远近深浅，地面的反光和地砖的接缝处可以适当加重用笔。

　　第2步：绘制洁具和马赛克墙面明暗关系，并绘制投影。注意有光的地方留白，由于洁具颜色较浅，暗部不用画得太多。

第3步：对画面进行综合绘制，突出明暗色阶。要求在分清大体关系的前提下，注重人造光源对于洁具及空间本身的影响。

第4步：调整细节，深入完善画面。用鲜艳的颜色点缀空间的装饰物，用修正液给受光面边缘和马赛克墙面绘制高光，用针管笔加深近景洁具轮廓，使画面清晰完整，富有光泽。

7.2 商业空间着色表现图技法训练

商业空间，基本上是由人、物及空间三者之间的相对关系构成的。空间提供了物的放置机能，多数"物"的组合构成了空间。现代商业空间的展示手法各种各样，展示形式也不定向化，绘制时主要通过色彩、灯光进行塑造。

7.2.1 商业空间的表现要点

在进行商业空间表现时，要注意以下4点。

第1点：设计中应体现商业空间的背景与产品互为映衬的原则。手绘表现的不只是产品的自身，而是产品与空间共同营造的气氛。

第2点：设计中，"消解"传统商业空间的售卖方式，直接把产品当做展示品。在室内，先做好展示路线和空间骨架，各类选材产品则成为营造不同使用功能的空间效果的手段。

第3点：色彩在现代商业空间设计中能够起到改变空间效果的作用，给人带来某种视觉上的影响，形成丰富的联想、深刻的寓意和象征，如色彩明度的高低、冷暖的对比，会给人带来不同的重量感和尺度感。

第4点：在现代商业空间中，灯光系统被当作构造系统，绘制时切不可忽略灯光的表现。

7.2.2 商业空间着色表现图的实例训练

商业空间，是提供商品交易的活动场所，大致包括消费媒介、体验场所以及交流空间。在绘制时，要注意突出公共环境的营造，以及公共艺术形象的表达，可以通过材质、色彩、灯光、艺术造型来体现。

• 酒店大堂的着色表现步骤

酒店大堂是客人进入酒店的第一个地方，是最关键的功能空间之一。绘制时要控制好大堂公共空间的整体效果，使其风格协调、气氛和谐。在现代酒店设计中，除了体现国际化外，还应体现本土文化的特色，从而展示地方文脉的魅力。

第1步：用马克笔画出地面、墙面、顶面的色彩基调。注意墙面颜色下深上浅，地面颜色近深远浅。

第2步：调整画面冷
暖关系，家具用暖色处
理，大理石贴面用冷灰
色表现。注意暗部着色
可以反复平涂几次，亮
部可以先留白，增加明
暗对比关系。

第3步：继续深入刻
画物体的造型和明暗关系
以及配景的颜色，以此烘
托大堂的氛围。

第4步：统一画面中
整体与局部的关系，细化
主要物体，突出重点，强
调近景边缘轮廓线条，并
提亮高光。

• 服装专卖店的着色表现步骤

专卖店也叫专营店，是专门经营或授权经营某一主要品牌商品（制造商品牌和中间商品牌）的零售业门店。专卖店是品牌、形象、文化的窗口，对于陈列、照明、包装都有讲究，绘制时要做到别具一格。

服装专卖店是专门为大众提供各种衣服的场所，是社会生活的重要组成部分，对方便人民群众生活起了重要作用。就目前来看，在服装专卖店设计中，色彩回归，取代了流行多年的极简主义风格。店面设计除色彩强调鲜艳外，还讲究休闲空间及动态设施的规划。绘制时，可从这几方面选择配色和设计空间造型。

扫码看视频！

第1步：用马克笔给墙面、地面以及展示服装进行初步上色，注意冷暖色调的搭配，陈设物的颜色应与设计主题一致。遇到有灯光照射的地方留白。

第2步：进一步刻画墙面和地面的颜色，完善空间整体效果，用同色系马克笔加深画面暗部颜色，并做投影处理，着重体现空间的冷暖关系以及材料的质感，同时注意空间营造的深远感。根据透视关系，里面的颜色画得较满，越往外越浅，表现出光感。

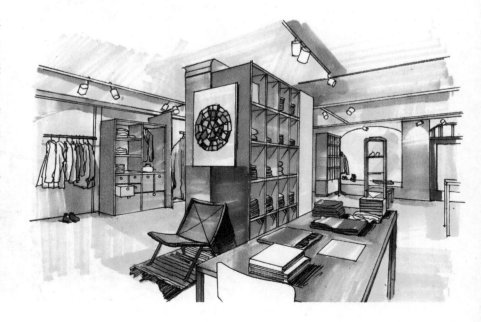

第3步：继续刻画细节，根据画面需要调整色彩关系，深入刻画明暗和投影，调整画面色阶对比。

第4步：继续完成图画，用彩铅刻画灯光的颜色以及笔触的渐变过渡，并加重衣服褶皱处的色彩，突出其柔软质感。用针管笔和修正液加重前景对比关系。

7.3 休闲空间着色表现图技法训练

随着人类社会的不断进步和市场经济的迅速发展，现代休闲空间的综合功能和规模在不断扩大，种类不断增多，人们不再满足于休闲娱乐的功能规模和物质上的需求，而是对其环境以及人的精神影响提出了更高的要求。好的休闲空间设计往往是功能和艺术性的巧妙结合。休闲空间的内涵是通过空间气氛、意境以及带给人的心理感受来表达艺术性，其表现形式主要是指对空间的适度美、韵律美、均衡美、和谐美的塑造。本节通过咖啡厅和酒吧的绘制来体现其特点。

7.3.1 休闲空间的表现要点

在对休闲空间进行表现时，要注意以下3点。

第1点：酒吧、咖啡厅等休闲空间从形态、灯光、陈设等都给人舒适新颖的感觉，并有明确的主题和设计风格，既要注意相对的私密性，又要能感受到其轻松的氛围。

第2点：家具、陈设的选用及布置要适度，装饰造型和装饰材料不宜过于烦琐和堆砌。

第3点：通过空间设计语言在形态上的点、线、面、体的有规律的变化，以及形的大小、疏密、曲直等渐变，色彩的冷暖、明暗、纯度的高低以及材质的肌理等不同的表现层次来体现功能特征。

7.3.2 休闲空间着色表现图实例训练

休闲空间是休闲、娱乐的生活空间，它不仅为人们提供生活的需求，也为人们文化精神生活的追求提供了保障。休闲空间风格、布局各异，造就的环境气氛不同，表达的休闲内容也不同。多多体会、定位风格，是绘制出好的休闲空间的前提。

- 咖啡厅的着色表现步骤

咖啡厅是一个为人们提供可以暂时脱离现实社会，借由享受咖啡与蛋糕来喘口气的空间；是一个观赏性、功能性俱佳的私密场所，为到来的客人提供一个相对独立的空间。空间的意义，并非设计形式或设计风格，而在于使用者的心灵感受。绘制时，以高雅、清新、柔和的色调，营造一个舒适、惬意的休闲空间。

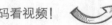

扫码看视频！

第1步：确定画面的基调，用马克笔进行第一遍上色，先将空间中各面的固有色平涂一遍，注意笔触叠加的层次与美感以及靠近画面边缘笔触的收束与排列。

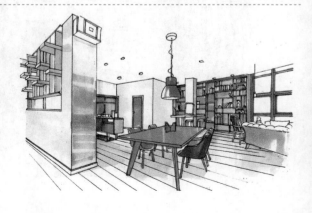

第2步：进一步上色，表现各物体的颜色特点，用马克笔加深每个面的暗部，突出空间层次关系。

第3步：整体渲染画面，刻画地面的层次色阶，着重体现空间冷暖关系以及材料的质感，同时注重空间营造的深远感，从而使前后关系得到恰如其分的表达。

第4步：对画面做最后调整，深入刻画画面的重点部分，用彩铅柔和马克笔笔触比较生硬的地方，并修正画面轮廓，提亮高光，使画面协调统一、通透鲜亮。

● 酒吧的着色表现步骤

　　酒吧是指提供啤酒、葡萄酒、洋酒、鸡尾酒等酒精类饮料的消费场所。酒吧如同咖啡厅，自诞生以来就担负着社交的功能。一个好的酒吧，一定要有好的设计，好的装修，好的灯光、气氛。

扫码看视频！

第1步：平铺界面与家具的固有色，受光的部分不用画得太满，灯光照射的地方可以留白。

第2步：完善画面中各部分颜色。刻画吧台桌椅组合的明暗对比关系，突出领域感。

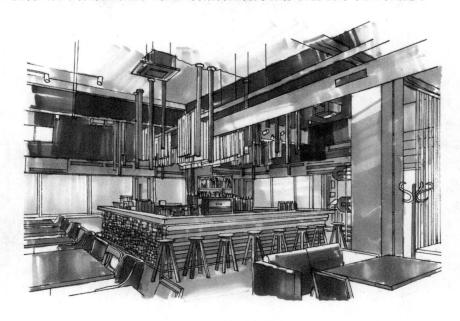

第3步：深入刻画，加深暗部和投影的颜色，注意不同层次的明暗关系。

第4步：统一画面，抓住中部空间组合，加强前后明暗之间的对比度以及冷暖的色调关系，并用高光笔和彩铅刻画细节。

7.4 办公空间着色表现图技法训练

办公空间是脑力劳动的场所，企业的创造性大都源于该场所的个人创造性的发挥。因此要重视个人环境兼顾集体空间，借以活跃人们的思维，体现企业的整体形象。办公空间具有不同于普通住宅的特点，它是由办公、会议、走廊三个区域构成内部空间的使用功能。本节以办公室和会议室为例，讲解办公空间的着色技巧。

7.4.1 办公空间的表现要点

在表现办公空间时，要注意以下3点。

第1点：办公空间手绘表现色彩应用时，应注意按使用要求选择配色，以符合使用环境的功能要求、气氛、意境。

第2点：办公空间色调明亮、干净，注意颜色表达要与室内构造、样式、风格协调统一，同时也要把光的影响考虑在内。

第3点：空间造型要有秩序感，从形的反复、形的节奏、形的完整和形的简洁中体现。

7.4.2 办公空间着色表现图实例训练

办公空间室内设计的最大目标就是要为工作人员创造一个舒适、方便、卫生、安全、高效的工作环境，以便更大限度地提高员工的工作效率。绘制表现图时，要突出功能性，画面色彩不宜鲜艳，要保持大方、稳重。

● 办公室的着色表现步骤

办公室的平面布置应选通风、采光条件较好、方便工作的位置。面积要宽敞，且家具型号较大，绘制时，要注意空间气氛的把握。对于表现一个典型的办公室，在前景嵌入屏幕设施会使之更具生趣。效果图中的隔断墙为半透明材质，使得画面前景中的狭小空间看上去更开阔。桌上计算机之类的细节，会吸引人将视线集中在这里。

扫码看视频！

第1步：用马克笔绘制办公家具及界面的固有色，家具的交界处和靠近地面的投影部分，可用同一支笔反复涂画，加重绘制。

第2步：进一步刻画家具的明暗和色彩。由于灯光是在空间的上方，所以家具陈设的整体受光是平面浅、立面深。

第3步：完善画面细节，刻画点缀的装饰物，突出玻璃、桌椅质感，并深化地面的倒影和地砖的反光。

第4步：调整画面色阶对比，加重阴影层次。将马克笔与彩铅结合，采用渐变的手法对天花的顶部进行上色；用高光笔在办公用品的交界处涂画，用针管笔再次加重明暗交界线。

• 会议室的着色表现步骤

会议室是用户同客户洽谈和员工开会的地方是通常包含一张大会议桌作为会议之用的房间。会议室的效果图表现最好运用垂直构图，以便削弱整个狭长矩形空间的横向视觉效果。因为会议室为长方形，而里面有张同样形状的桌子，在这种情况下，横向构图会显得呆滞。房间底部应刻意画出露头线，以避免画面变形，以及办公椅细长的五星脚底座所导致的视觉混乱。

扫码看视频！

第1步：确定主色调，用马克笔画出墙面和地面及其办公用品的固有色。会议桌椅的正投影部分要反复涂画或加重马克笔的用笔力量，区分出明暗关系。

第2步：根据画面关系，继续加深暗部的颜色，重在强调房间内带反射光材料的质感和色彩的和谐。

第3步：深入调整刻画空间的明暗、虚实、色彩及质感关系。注意用简约的色彩搭配与对比，打造出一种明快的韵律。

第4步：统一画面效果，并点缀绿植，以增添空间活力。用彩铅和高光笔进一步刻画画面。

1. 选择自己喜欢的住宅空间角度照片进行马克笔着色练习。

2. 选择一些室内图片练习。通过练习，了解在透视发生变化时，光线和材质会发生什么变化？

3. 临摹室内马克笔着色表现图，回顾室内空间着色的表现要点。

08

室内手绘表现图欣赏

CHAPTER EIGHT

　　本章为室内马克笔表现作品欣赏，大量作品的罗列是为了广大读者了解实际的项目开发手绘图。

　　手绘表现图技法的掌握离不开大量的速写、写生练习，这里展示的作品都是在大量的练习之上形成的。所以，要想绘制好表现图，一定要勤奋，随时记录遇到的能够引发兴趣的事物。

作者：卢影

作者：卢影

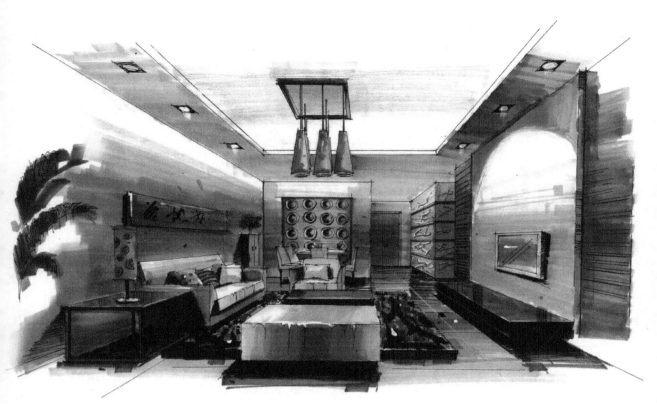

作者：卢影

作者：卢影、林美杉

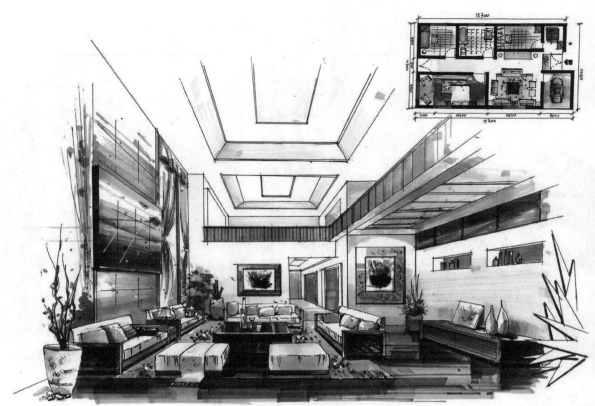

作者：卢影

作者：卢影

作者：卢影

作者：卢影

作者：卢影

作者：卢影

作者：卢影

作者：卢影

作者：卢影

作者：匡贤威

作者：卢影、林美杉

作者：卢影

作者：卢影

作者：卢影、匡贤威

作者：卢影

作者：卢影

作者：胡通

作者：胡通

作者：梁宵

作者：梁宵

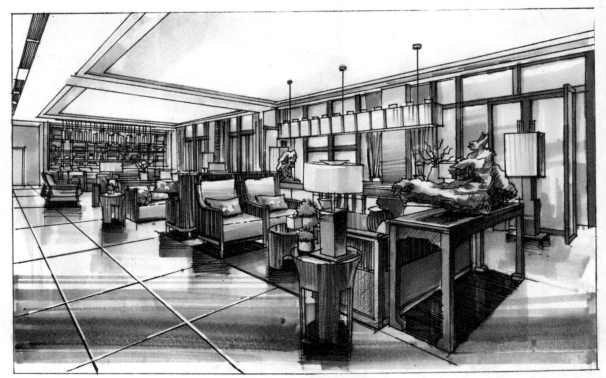

作者：卢影

作者：李丹阳

作者：卢影

作者：卢影、李浩

作者：卢影、李浩

作者：卢影、李浩

作者：卢影、于洪斌

作者：卢影、于洪斌

作者：卢影

作者：卢影

参考文献

1. 蒋励，张恒国. 手绘效果图表现技法及应用[M]. 北京：北京交通大学出版社，2012.

2. 吴彪，吴智勇. 环境艺术手绘设计与表现[M]. 成都：西南交通大学出版社，2014.

3. 陈祖展，杨喜生. 环境艺术设计手绘效果图表现技法[M]. 北京：北京交通大学出版社，2014.

4. 刘宇. 手绘设计室内马克笔表现[M]. 沈阳：辽宁美术出版社，2013.

5. 王东，余彦秋. 室内设计手绘实例精讲[M]. 北京：人民邮电出版社，2015.

6. 陈帅佐. 环艺手绘表现图技法[M]. 北京：中国水利水电出版社，2012.

7. 赵国斌，赵志君. 室内设计手绘效果图[M]. 沈阳：辽宁美术出版社，2011.

8. 郏超意. 室内设计手绘透视技法 [M]. 北京：人民邮电出版社，2014.

9. 赵福才. 建筑室内色彩表现手绘教程[M]. 杭州：中国美术学院出版社，2012.

10.克里斯蒂娜·M·斯格莱斯. 室内效果图技法表现[M]. 北京：中国青年出版社，2015.